该著作为浙江省重点研发计划项目《乡村生态景观营造技术研发——浙江山区乡村生产性景观营造技术研发及示范》（项目编号：2019C0231）的研究成果。

# 乡村生产性景观营造
# 研究与实践

洪　艳　祁文莎　陈昊旭　著

U0249869

中国建筑工业出版社

**图书在版编目（CIP）数据**

乡村生产性景观营造研究与实践 / 洪艳，祁文莎，陈昊旭著 . —北京：中国建筑工业出版社，2024.8
ISBN 978-7-112-29824-2

Ⅰ . ①乡… Ⅱ . ①洪… ②祁… ③陈… Ⅲ . ①乡村规划—景观规划—景观设计—研究—中国 Ⅳ . ① TU986.2

中国国家版本馆 CIP 数据核字（2024）第 089860 号

责任编辑：张鹏伟 刘文昕
责任校对：王 烨

乡村生产性景观营造研究与实践
洪 艳 祁文莎 陈昊旭 著
\*
中国建筑工业出版社出版、发行（北京海淀三里河路 9 号）
各地新华书店、建筑书店经销
北京雅盈中佳图文设计公司制版
建工社（河北）印刷有限公司印刷
\*
开本：787 毫米 ×1092 毫米 1/16 印张：15$\frac{1}{2}$ 字数：348 千字
2024 年 4 月第一版 2024 年 4 月第一次印刷
定价：68.00 元
ISBN 978-7-112-29824-2
（42953）

**版权所有 翻印必究**
如有内容及印装质量问题，请与本社读者服务中心联系
电话：（010）58337283 QQ：2885381756
（地址：北京海淀三里河路 9 号中国建筑工业出版社 604 室 邮政编码：100037）

# 前 言

党的十九大提出的乡村振兴，是发挥乡村特色资源，提升乡村经济、文化和社会发展，实现城乡融合和可持续发展的重要战略。自 2003 年浙江省启动"千村示范、万村整治"工程以来，安吉、德清、桐庐、临安等地的乡村建设如雨后春笋般脱颖而出，已成为全国样板。新时代背景下，浙江乡村的发展不仅是人居环境的整治，更是集生态、产业等多种要素的综合性提升。今年正值"千万工程"二十年，浙江省的乡村建设正在成为全国共同富裕样板区。从 2023 年 3 月浙江省政府公开发布的《关于 2023 年高水平推进乡村全面振兴的实施意见》，到 6 月中央财办等部门印发的《关于有力有序有效推广浙江"千万工程"经验的指导意见》中均指出：要锚定高效生态农业强省建设目标，实现从整治农村人居环境，促进城乡融合发展，发挥特色产业优势，创新培育"美丽乡村 +"乡村新业态。

本书以浙江山区乡村的生产性景观为研究对象，全书分上下两篇共九章。第 1 章，先从政策背景与现实需求入手，总结当前乡村景观面临的严峻问题。第 2 章，通过对生产性景观相关理论的梳理与国内外案例的研究，提出可解决乡村景观问题的新型生产性景观概念。第 3 章，通过文献检索与田野调查等方法，建立浙江山区生产性景观生物数据库，深入挖掘浙江山区生产性景观的可利用资源。第 4 章，通过大量文献和问卷访谈，梳理出生产性景观的评价指标，构建了浙江山区乡村生产性景观评价体系，为后续生产性景观营造模式提出应用纲要。第 5 章至第 8 章，通过对生产性景观空间进行分类，从实证研究出发，总结探索山林、园地、农田与线性四类空间的生产性景观营造模式。

本书尝试以浙江山区为主要研究范围，遵循乡村生产性景观的营造原则与方法，探索并总结出基于乡村建设与发展需求驱动的生产性景观营造模式，使得乡村景观不仅能够美化乡村环境，更能发挥社会、经济、功能、生态等多重价值，为乡村振兴战略的实施提供思路与方法，将生产性景观的理论和实践上升到一个更精准施策的高度。本书可以为浙江省的乡村人居环境整治和城乡风貌提升提供工作思路与理论支撑，也可为其他地区的相关研究与实践提供研究基础和借鉴示范。

# 目　录

## 上　篇

# 下 篇

# 上 篇

随着乡村振兴战略的推进，中国乡村的发展进入了新的时代。新型生产性景观的恢复和发展不仅有助于推动农村复兴，还有助于实现农业现代化、生态保护、文化传承、乡村建设、旅游业和绿色产业的发展，成为了促进农村可持续发展和乡村振兴的重要举措。

基于当前发展背景和时代需求，本书上篇聚焦浙江山区乡村生产性景观营造理论研究、建立数据库和评价体系。第1章，从生产性景观研究和发展背景切入，回顾发展过程，阐述发展动态，判断发展趋势；第2章，定义生产性景观概念，梳理传统生产性景观和新型生产性景观架构，述评学界研究成果；第3章，浙江山区生产性景观数据库建立，对浙江省山区乡村生产性景观涉及的本土常见植物和动物建立数据库；第4章，浙江山区乡村生产性景观评价体系构建，通过调查统计、专家访谈、评价赋值、模型验证等步骤，得出生产性景观评价体系，为下篇的四类单元营造模式提供实践支撑。

# 第1章

# 绪　论

## 第 1 节　研究背景

### 一、政策背景

中国作为世界农业大国，农业一直占据主导地位。[1]2004 年以来，连续 19 年的中央一号文件都对"三农"问题给予了高度重视。2005 年的村庄环境整治、2011 年的新农村建设到 2018 年的美丽乡村建设，农村发展路径得到不断深化。2018 年中央一号文件《中共中央国务院关于实施乡村振兴战略的意见》提出：提升农业发展质量，培育乡村发展新动能，产业兴旺是乡村振兴的重点，构建农村第一、二、三产业融合发展体系，大力开发农业多种功能。[2]2018 年 9 月《乡村振兴战略规划（2018—2020）》更系统全面地推进乡村振兴战略，指出要让农业成为有奔头的产业，让农民成为有吸引力的职业，让农村成为安居乐业的美丽家园。[3]2023 年我国举全党全社会之力全面推进乡村振兴，加快农业农村现代化，推动乡村产业高质量发展，培育乡村新产业新业态，促进乡村宜居宜业。[4]

浙江省是美丽乡村建设的先发起源地和乡村振兴的先行实践地。2003 年，浙江省创新性地启动了"千村示范、万村整治"工程（下文简称"千万工程"），并把它定位为"推进农村全面建设小康社会的基础工程，加快推进城乡一体化的龙头工程，促进人与自然和谐发展的生态工程，推动为民办实事长效机制的民心工程"。[5]从此，浙江省在乡村建设方面持续发力。2017 年 6 月，浙江省提出谋划实施"大花园"建设行动。2017 年 11 月，强调全面实施乡村振兴战略，开启新时代美丽乡村建设新征程；全面打造生态宜居的农村环境，蓬勃发展美丽业态，扎实推进万村景区化建设。2018 年，《浙江省大花园建设行动计划》指出：全面落实美丽中国和乡村振兴，以绿色产业为基础，以美丽建设为载体，全面统筹山水林田湖草系统治理，推动绿色发展和全域旅游，把全省建设成为大花园，打造美丽中国鲜活样板，成为全国践行"两山"理论的示范区。2018 年 4 月，习近平总书记作出重要指示：浙江十五年久久为功，扎实推进"千村示范、万村整治"工程，造就了万千美丽乡村，取得了显著成效；进一步推广浙江经验，因地制宜、精准施策……建设好生态宜居的美丽乡村，让广大农民在乡村振兴中有更多获得感、幸福感。同年 9 月，浙江"千万工程"荣获联合国"地球卫士奖"。

2023 年是"千万工程"实施 20 周年。回顾浙江的乡村建设 20 年，浙江一直是全国的探索者和引领者。从 2003 年的"千万工程""八八战略"到"两山理论"发源地安吉提出的"中国美丽乡村计划"；从全面启动"美丽乡村""两美浙江""全域美丽"到今天的"乡村振兴""美丽浙江大花园"；"美丽公路""美丽河道"串联起"美丽乡村创建先进县示范县""整乡整镇美丽乡村""精品村""美丽庭院"等。如今，安吉、德清、桐庐、临安等地已成为全国样板。从美丽生态，到美丽经济，再到美丽生活，"三美融合"带给浙江乡村勃勃生机。

2023 年，对中国"三农"领域而言，是意义非凡的一年。"加快建设农业强国"首次写入党的二十大报告，中央一号文件已持续 20 年聚焦"三农"。2023 年 3 月，浙江省政府以省委一号文件形式公开发布《关于 2023 年高水平推进乡村全面振兴的实施意见》，指导"三农"工作。文件聚焦共同富裕大场景下的乡村振兴，锚定高效生态农业强省建设目标，把建设高效生态农业强省作为农业农村现代化先行的着力点，也作为农业强国建设、浙江先行先试的支撑点；以"千万工程"为引领，致力于构建"千村未来、万村共富、全域和美"新格局，瞄准浙江农业更强、农村更美、农民更富的新目标。[6]7 月，中央财办等部门印发《关于有力有序有效推广浙江"千万工程"经验的指导意见》的通知，提出整治农村人居环境，促进城乡融合发展，发挥特色产业优势，开发农业产业新功能，推动农业农村绿色低碳发展，创新培育"美丽乡村 +"农业、文化、教育、旅游、康养、文创等乡村新业态，全面打通"两山理论"转化通道。[7]

## 二、需求背景

中国是以小农经济为起点的农业大国，农耕文化流淌在我们的血脉之中，人们对田园生活的向往和渴求是与生俱来的。桃源生活和乡愁，构成了当前乡村振兴和乡村发展的独特背景和动力。

追求桃源生活来自于当代城市居民对生活方式的重新思考。城市生活的快节奏和高压力已经引发了人们对心灵安宁和生活平衡的渴望。桃源生活代表了一种回归自然的生活方式，倡导减少物质追求，强调心灵的宁静和生活的质量。[8]然而，桃源生活也面临着一系列挑战。在城市居民涌向乡村的过程中，如何保护乡村生态环境和传统农耕文化，在发展第三产业的同时如何保证第一产业的物质产出、延续传承农业文明，都是亟待解决的问题。当前亟需一种景观模式，可以同时满足乡村社区的经济发展需求和生态环境保护的要求，以确保乡村的可持续发展。

与此同时，乡愁情感的高涨也是当前乡村振兴的显著特征。乡愁是一种情感纽带，将人们与故土、故乡紧密相连。乡愁情感的高涨反映了城市居民对生活方式的回忆和思考，也体现了对乡村发展的期望。[9]陶渊明的"采菊东篱下，悠然见南山"描绘了田园生活的最佳状态，这是熟读诗文却生活在钢筋水泥城中之人渴望的生活，而这种无处安放、无处抒解的"乡愁"，正是当下乡村旅游高热不退的直接原因。在国家政策的支持和鼓励下，乡村旅游产业迎来了井喷式的发展，给乡村带来了新的机遇和挑战。城市人群对乡村田园生活的向往和乡村对现代化生活的渴望之间的矛盾突出，"桃源生活"的复苏缺少乡村景观空间的助力。[10]例如，旧时村内，炊烟升起后，村民便去田地中竹篮摘菜，可以在溪边洗菜聊家常，生活生产融为一体，生态循环自然而生。但如今乡村景观已支离破碎，竹篮采摘变为塑料袋兜售，生活与生产相隔离，生态环境日益恶化。因此，在乡村建设的过程中，探索实现一种平衡的经济、生态景观模式，显得尤为重要。

# 第 2 节　乡村景观面临的困境

## 一、乡村景观发展过程

乡村景观以大地景观为背景，以聚落景观为核心，兼具经济、生态和文化等多重价值。

传统乡村景观优美，富有诗意，人与自然和谐相处，这是农耕文明时代人的生态审美观的产物，是以生产性景观为主要内容的。"采菊东篱下""莲动下渔舟""开轩面场圃"等场景，成为民族共同的审美意向与文化情结。

城镇化之前的乡村景观基本上稳定而且均质，乡村自然生态系统和体征都保存的较为完整。人们在自给自足的小农经济生产条件下，与自然处于相对被动却和平地适应式发展状态。在乡村景观构成中，自然景观占主导地位，广袤的农田、郁郁葱葱的田园、清澈的溪流和青山绿水，构成了乡村的主要景观。农田的种植和耕作呈现出不同的季节性景观，如金黄的稻谷、翠绿的蔬菜等。这些自然景观赋予乡村生活以丰富的生态价值和美学特色。由于乡村居民的主要生计是农耕，农田和农田周边的景观在乡村社会生活中占有重要地位。乡村社区和村庄之间联系紧密，形成了稳定的社会网络，且乡村的公共空间可用于交往、进行文化和生产活动，强化了社区凝聚力。

然而，在乡村建设发展过程中，乡村景观也遭受了不同程度的"建设性破坏"和"统筹式疏漏"。首先，在规划层面上：乡村的自然肌理受到了"模板式"规划思想的侵蚀，容易顾大放小，忽略了支离破碎的生产性空间，导致乡村格局失调、生态平衡破坏、空间资源闲置浪费，农业生产从点到面缺乏活力和吸引力。其次，在村落自身层面上：原住民离弃迁出后成为空心村，商家进入加快了农业没落，生产蔬果逐渐被换成短时花卉，土地硬化铺设导致环境日益恶化；对自身价值认知不足、对乡村建设的片面理解及盲目追求导致乡土文化流失，缺乏有效的农耕文化传播载体。在商业资本的侵蚀下，景观的形态更多地为消费所驱动，彰显的是管理者与设计者的自我意识，而真正的使用者却走向缺失。[11]许多乡村处于破坏现有自然环境、牺牲村落传统格局开发"人造自然景点"、对景观生产功能淡漠、旅游设施和特产面临"撞衫"的尴尬境遇，人群需求和资源供应未能形成有机循环，以游客视角替代村民视角，村落已然丧失"内生"的活力，只剩"外包"的躯壳。

因此，当前乡村景观呈现出衰退、破碎、文化与地域性被稀释的趋势。这一趋势在工业化和城镇化的推动下日益明显，打破了数千年来乡村的稳定，并且直观地反映在乡村景观上，导致以生产性景观为主的乡村特色景观遭到前所未有的威胁。乡村生产性景观，包括农田、果园、林地、河道等，是乡村的生计和生态基础，然而工业化的浪潮使这些农业生产空间和生态廊道空间被用于设施建设，农业生产受到冲击，生态系统破碎和生物多样性丧失正在愈演愈烈。

## 二、当前乡村景观的普遍问题

相对于我国现阶段如火如荼的乡村建设，乡村景观受到的关注则较晚，特别是随着我国城乡一体化进程的加快、建设用地的大量扩张，城市不断向郊区蔓延，大量的农业用地被替代，耕地面积不断减少，乡村景观得不到重视[12]，尤其是最具乡村特色的生产性景观关注更为滞后。[13, 14]学界虽然进行了一些相关理论研究，但这些研究往往还停留在理论探讨和学术研究的层面，未能转化为实际的政策和实践措施。

本书从点、线、面三个层次，分析当前乡村景观存在的问题，可以概括为如下：

点状景观多以村内无主题的填空为主。这种松散和随机的填空，大多是临时的增补和单纯的装饰美化行为，并没有从乡村景观整体性的角度进行统筹规划设计，缺少相互关联或文化性的主题内容。

线性景观多以村内外沿水砌坎和沿路种树为主。前些年从水利角度出发的河道治理采用了大规模的硬质驳岸做法，在生态和景观上留下了很大的遗憾。有些"四边三化"和精品线建设，也仅仅是沿路种树或刷围墙，使乡村原本自然丰富的沿路空间和风貌变得生硬呆板、单调乏味。

面上景观多为村外疏于打理、杂乱荒芜的田园和山林。浙江经济发达，就业机会多，而传统农业劳作辛苦且回报率低，不可避免地造成了乡村劳动力外流。因此，良田荒废、山林杂芜，曾经的希望田野、鱼虾满仓、牛羊满山不见了，"开轩面场圃"和"春江水暖鸭先知"的意境也只能留在了诗文画作中。

乡村景观的复杂性和多样性，使得其改造和保护具有一定的挑战性，需要跨学科的合作和创新性的方法，乡村景观建设和改造仍处于摸索创新的阶段。在重视乡村景观建设之前，并没有专门的乡村景观理论和人才，也没有现成的系统性的成功经验和案例借鉴。因此很长一段时间内，乡村景观营造都是依赖于长期服务城市的设计师，运用城市景观理论、采用城市营建手法为乡村进行规划设计，或盲目照搬模仿某些示范乡村案例，导致乡村景观逐渐城市化和同质化，日益失去其独特的魅力。[15]主流价值观也使乡村向往城市，出现不和谐的模仿行为，如花岗岩铺地、非乡土植物配置、花高价买名贵大树，把村口良田改为大草坪，失去了自然亲切、质朴的乡村韵味。只顾美化颜值，忽视提升内涵，只做视觉效果指引下的物的堆砌，不能体现地域文化的独特性。追求速度和战绩，一旦出现成功案例，顾不上知己知彼，就快速拷贝，造成千村一面。

## 三、浙江山区乡村存在的问题和相应的景观功能需求

浙江省域范围大、自然条件多样、地区风土人情和经济差异明显，因此各地区的乡村景观呈现出独具特色的面貌和气质，这种地区差异在农耕社会乡村传统的生产性景观上尤为明显。

浙江虽是典型的山水江南、鱼米之乡，但从地形地貌而言，山地和丘陵占比高达74.63%，有"七山一水二分田"之说，且多分布在西南。浙江山区地处偏远、交通相对不便、山林景观相对单一、乡村空心化也较为严重，导致经济明显落后于其他地区。因此，本书以规模最大、问题最突出的浙江山区为研究对象，研究其生产性景观组成及营造模式。调研中发现，浙江山区乡村存在的问题和相应的景观功能需求主要有以下几个方面：

### 1. 地处偏远、交通不便，影响旅游业发展和区域知名度

浙江省山多地少，西南山区尤甚。山区村落由于地处偏远的山间谷地，交通线路单一，有些甚至是交通盲点。这直接影响了景观资源、信息等要素流动，制约着旅游业的发展。

### 2. 村落空心化严重，传统生产性景观衰退

随着城镇化的加快，交通不便、经济落后的山区乡村空心化严重。乡村建设缺少村民这支主力军，梯田景观、茶园、中草药（浙八味）等传统生产性景观日趋减少。

### 3. 种植品种单一，山林景观单调，视觉效果不佳

由于地理条件、历史原因和人为因素，现有林质量不高，多为由马尾松等针叶树种组成的人工林或次生林，林下植被单一，季相变化少，森林层次感差。常年以绿色为基调，缺少观叶、观花等观赏树种，景观视觉效果不佳，森林生态服务功能不强。

### 4. 自然灾害频繁，景观维持时间短，生态环境脆弱

由于复杂地形和地质条件以及降雨、地下水等因素的影响，山区易受到泥石流、滑坡、崩塌、溜沙坡等地质灾害的威胁，造成水土流失。此外，相对浙江其他地区，山区乡村的经济落后、资源短缺，土地粗放利用，林木砍伐和开发也缩短了景观维持时间。

# 第 3 节  研究思路

## 一、研究内容

本书以浙江山区乡村为研究范围，以生产性景观为特色，分类研究其营造模式。研究分为上下两篇，上篇主要包括研究背景及乡村景观现状问题、生产性景观相关理论研究与实践案例、建立生产性景观生物数据库、构建生产性景观评价标准四个部分。下篇分为四个章节，分类别研究了山林、园地、农田、线性四类生产性空间的景观营造模式。研究框架如图 1.1。

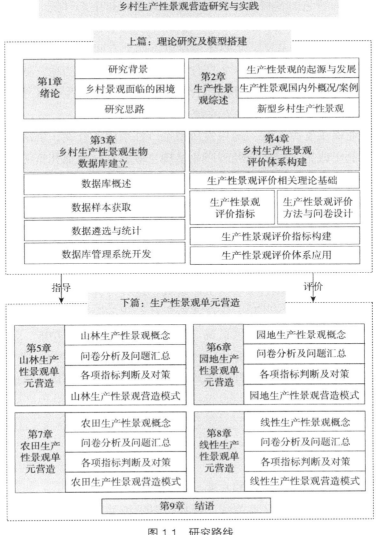

图 1.1  研究路线

## 二、研究意义

美丽乡村建设是促进农业增产、农民增收、农村繁荣，实现美丽生态、美丽经济、美丽生活的根本之路。乡村生态景观营造是以美丽乡村建设为载体，保护乡村生态环境、地方特色和景观完整性，对乡村特色资源和景观要素进行整体规划与设计，使乡村景观格局与自然环境和谐统一、协调发展的综合规划设计方法。通过乡村景观营造，为人们创造生活舒适便捷、社会和谐稳定、景观优美的"宜居、宜业、宜游、宜文"的可持续发展的整体乡村景观环境。

乡村生产性景观是"浙江大花园"的重要组成部分，具有解开乡愁情节的特定文化功效。地域性新型乡村生产性景观更是构成第六产业的绿色依托，是具有品牌标签的地域性载体。相比于其他的乡村景观，以生产性景观（包括传统生产性景观和地域性新型乡村生产性景观）为特色的乡村生态景观营造，对于保护生态环境、重振经济产业、延续乡土文化具有更明显的效果，对乡村振兴战略的实施和浙江大花园的建设，将作出更积极的贡献且具有更重要的意义。主要体现在以下四个方面：

1. 修复或重构良好的生态系统：生产性景观选用长期适应当地气候和土壤的本土生物，既能形成可持续的生产区自循环的闭合生态系统，也可与生产区外的自然环境和乡村聚落环境共同构成自调节的开放生态系统。

2. 为绿色产业提供支撑系统：地域性新型生产性景观的开发，顺应乡村振兴、产业兴旺的需要，有利于改善乡村传统经济产业结构，缓解农村土地和资源的矛盾，为绿色产业提供支撑。在绿水青山的生态性前提下，实现金山银山的经济性。

3. 满足不同人群的精神需求、延续地域文化：生产性景观体现的美学性、社会性、文化性、空间性，是对离巢游子的呼唤，也是对城市人群追寻乡土自然的心理慰藉。

4. 提供借鉴样板和示范作用：以生产性景观为乡村特色，建设美丽乡村大花园，打造美丽中国鲜活样板，成为两山理论实践地和示范区。

生产性景观是人与自然共生共荣的生命景观，这种特殊的"生命"源于生物自身的显性景观，以及劳动者生产场景和生活这些特定社会化的隐性景观。当前，以农业为主导的生产性景观是乡村中独有的特色景观，不仅具有一定的生产功能，还具有展示地域文化特色、驱动绿色产业创新、保育生态平衡等多方面的综合价值。[16] 本书正是基于政策发展背景与现实需求背景下的综合性实践研究，为新时代乡村景观营造给予理论支撑及应用方法支持。

## 三、研究方法

### 1. 文献考察与田野调查相结合的方法

采用文献研究法，通过对景观美学、景观生态学相关文献进行梳理，对乡村空间属性进行深入解读，得出景观营造基本理论与基本原则。在研究《中国植物志》及地方植物志等的基础上，同时采用田野调查法，基于网络的关系型、开放的数据结构，建立按不同生物景观资源要素分类的生产性景观生物数据表、字段等数据库结构。采用问卷访谈法，分别向学科领域专家和山区农民进行多轮经验建议收集，作为数据库筛选和建立评价体系的重要参考指标。

通过以上方法获取的一手材料和数据，可为后续的定量和定性分析提供原始数据支持。

### 2. 定性与定量分析相结合的方法

综合运用乡村景观设计、生产性景观、生态学、城乡规划等多学科知识，采用层次分析法、数理统计法、IPA 分析法等定量分析法，与定性分析相结合，分步骤构建生产性景观生物数据库，生产性景观评价体系和生产性景观营造单元模式。

### 3. 多维度分析法

研究乡村生产性景观，既要考虑分析的广度，还应注重对多方面问题的分析深度，从生态协调、农业稳定、景观体验、绿色产业等多个层次，对生产性景观的多重特性进行综合的分析研究。

### 4. 个案研究

研究多个国内外案例，选取两个示范项目作为浙江山区乡村生产性景观营造模式项目实践基地，将生物数据库系统和生产性景观评价体系运用到实际的乡村建设项目中，追踪分析生产性景观营造和发展过程。

## 四、研究框架

本书共包括九个章节和附录。其中，第 1 章为"绪论"，第 9 章为"结语"，第 2、3、4 章依次为生产性景观综述、乡村生产性景观数据库建立及乡村生产性景观评价模型构建，第 5、6、7、8 章分别为四类生产性景观单元营造模式研究。

第 1 章"绪论"。从乡村发展的政策背景和现实需求，总结了当前乡村景观发展现状中存在的普遍问题，发现以生产性景观为特色的乡村景观正呈现倒退趋势，对生产性景观的评价体系和营造技术的研究迫在眉睫。同时，阐述了本书的研究方法和技术路径。

第 2 章"生产性景观综述"。通过对生产性景观研究的溯源，梳理国内外研究现状，评述当前生产性景观的发展趋势，分析了国内外相关案例。对比传统生产性景观营造方式，提出新型生产性景观概念。

第 3 章"乡村生产性景观生物数据库建立"。首先，阐述了生产性景观数据库的主要内容和用途。其次，数据库数据的主要来源为文献检索和田野调查，并整理了调查内容中不同景观单元的原始数据。再次，建立遴选标准，对数据进行选种和统计。最后，描述了数据库系统开发的设计原理、组成模块和应用场景。

第 4 章"乡村生产性景观评价体系构建"。建立生产性景观的评价体系，首先对其评价相关的理论进行分析，从中梳理出生产性景观评价指标、设计评价方法和调研问卷。向相关领域的专家进行问卷调查和访谈，分析数据后得出指标权重值。进而对后续进行的生产性景观单元营造提供应用支持。

第 5 章 "山林生产性景观单元营造"、第 6 章 "园地生产性景观单元营造"、第 7 章 "农田生产性景观单元营造"、第 8 章 "线性生产性景观单元营造"，分别定义了山林、园地、农田、线性四类乡村常见的生产性景观概念，对田野调查的问卷结果进行了分析和问题汇总，从生产性景观评价体系的各项指标中判断其现状发展的满意度并给出提升对策，然后根据对策建议，总结出山林、园地、农田、线性生产性景观营造模式。

第 9 章为结语。

## 参考文献

[1] Li S P, Gong Q X, Yang S. A Sustainable, Regional Agricultural Development Measurement System Based on Dissipative Structure Theory and the Entropy Weight Method: A Case Study in Chengdu, China. Sustainability, 11（19）. doi: 10.3390/su11195313.

[2] 中共中央国务院. 关于实施乡村振兴战略的意见. 2018-01-02.http: //www.gov.cn/zhengce/2018-02/04/content_5263807.htm.

[3] 中共中央国务院. 乡村振兴战略规划（2018—2022 年）. http: //www.gov.cn/xinwen/2018-09/26/content_5325534.htm.

[4] Xue E Y, Li J, Li X C. Sustainable Development of Education in Rural Areas for Rural Revitalization in China: A Comprehensive Policy Circle Analysis. Sustainability, 13（23）.doi: 10.3390/su132313101.

[5] 新华社. 中央农办、农业农村部、国家发展改革委关于深入学习浙江 "千村示范、万村整治" 工程经验扎实推进农村人居环境整治工作的报告 [J]. 农村工作通讯，2019（6）: 6-8.

[6] 浙江省委省政府. 关于 2023 年高水平推进乡村全面振兴的实施意见. https: //www.zj.gov.cn/art/2023/3/15/art_1229630150_6408.html.

[7] 中央财办等部门印发《关于有力有序有效推广浙江 "千万工程" 经验的指导意见》的通知. https: //www.gov.cn/govweb/lianbo/bumen/202307/content_6890255.htm.

[8] 乌云. 桃源生活的现实与理想：基于城市居民的调查研究 [J]. 中国社会科学，（2022）1-18.

[9] 王丽华，杨小娟. 乡愁情感与乡村振兴的关系研究 [J]. 农村经济，（2021）（2），1-9.

[10] 陈昊旭. 杭州市富阳区大章村园地生产性景观营造设计研究 [D]. 杭州：浙江理工大学，2020.

[11] 孙炜玮. 乡村景观营建的整体方法研究：以浙江为例 [M]. 南京：东南大学出版社，2016.

[12] Onitsuka K, Ninomiya K, Hoshino S. Potential of 3D Visualization for Collaborative Rural Landscape Planning with Remote Participants. Sustainability, 10（9）, 24. doi: 10.3390/su10093059.

[13] Peng J, Chen X, Liu Y, et al. Spatial Identification of Multifunctional Landscapes and Associated Influencing Factors in the Beijing–Tianjin–Hebei region, China. Applied Geography, 74, 170–181. doi:

10.1016/j.apgeog.2016.07.007.

[14] St'astna M, & Vaishar A. Values of Rural Landscape: The Case Study Chlumu Trebone (Bohemia).
Land Use Policy, 97. doi: 10.1016/j.landusepol.2020.104699.

[15] Torres A, Jaeger J A G, & Alonso J C. Multi-scale Mismatches between Urban Sprawl and Landscape
Fragmentation Create Windows of Opportunity for Conservation Development. Landscape Ecology, 31(10),
2291-2305. doi: 10.1007/s10980-016-0400-z.

[16] Zakariya K, Ibrahim P H, & Wahab N A A. Conceptual Framework of Rural Landscape Character
Assessment to Guide Tourism Development in Rural Areas. Journal of Construction in Developing Countries,
24 (1), 85-99. doi: 10.21315/jcdc.2019.24.1.5.

# 第2章

# 生产性景观综述

## 第1节　生产性景观的起源与发展

### 一、生产性景观的起源

　　人类在生产生活劳动之时，随之出现的活动创造场景正是生产性景观的来源。在西方，生产性景观的起源与传统宗教息息相关，后来发展融合多种技术手段，形成生态友好、可食可观的景观模式。中国的生产性景观从传统园林的建造之初就有体现，后来演变为景观与生产两者融合发展的模式。所以，无论是西方的"可食景观"模式还是中国的"美学与实用价值并存"的模式，都体现了当地的生态环境、精神文化、生产生活等多方面的内容叠合。

　　西方古典园林的雏形是农业景观，生产性景观的最初形态就是以生产食用作为景观建设的主要目的。从最开始修道院中的食用菜园（图2.1），到米歇尔夫人的白宫菜园（图2.2，图2.3），都是农业生产性景观的一种重要特征表现。生产性景观最早出现于古希腊纪念谷神阿多尼斯的一次大型集会上，在集会上人们将经济性作物成片种植，形成"园"状规模，用以表达对谷神的敬仰。随着宗教的传播，在中世纪的法国凡尔赛宫

图2.1　修道士在菜园

东北角，为达官贵族开辟的皇家菜园（图2.4，图2.5），也体现出具有真实生产性功能的实用造园手法。随着工业革命的进程，城市建设快速扩张，导致农耕用地急剧缩减。为解决这一问题，德国利用城市公共土地，以租赁的方式建立"市民农场"（图2.6），这种可观可食的生产性景观模式引起了巨大热潮。如今在生态文明时期，西方的生产性景观发展已经不局限于"生产"或"景观"，而是与生态恢复、新能源利用等多种技术手段联合使用。[1]

　　中国古代传统园林自萌芽时期，就兼有生产和审美的功能。中国古代的传统园林从

图 2.2，图 2.3　白宫菜园

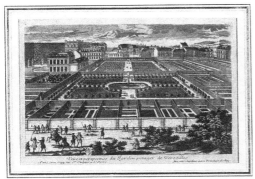

图 2.4，图 2.5　凡尔赛宫东北角皇家菜园

一开始就已经具备了一种生产、审美的特点。例如唐朝长安宫城之北的禁苑（图 2.7，图 2.8）和华清宫的苑林（图 2.9，图 2.10），种植了许多种果树，不仅具有观赏价值，还具有生产食用价值。元朝时期开始动工兴建的石岭龙脊万亩梯田（图 2.11），不仅利用地形地貌增加了生产价值，还形成了特色梯田风光。明清时期的北京皇家园林

图 2.6　德国市民农场

（图 2.12，图 2.13）也初具生产性景观的雏形，园林中的稻田、荷花、映水兰香都是利用生产植物特色打造田园风光，不仅满足了皇帝的观赏需求，也满足了食用需求。《红楼梦》中的"稻香村"（图 2.14）开始了生产性景观在私家园林的实践。20 世纪 50 年代在"大地园林化"的号召下，国家加强了园林景观建设与生产的融合，让景观的丰产成果不仅体现在视觉上，而且更具实用性。

图 2.7　禁苑整体布局

图 2.8　禁苑梨园中梨树种植场景

图 2.9，图 2.10　华清宫中的千年石榴树

图 2.11　龙脊梯田

## 二、生产性景观概念界定

　　自石器时代到来以后，农耕活动、园地劳作就是人类所特有的活动，它们代表了生产文化的价值。生产性是指具有创造社会财富活动特性的过程，具有一定的动态性。景观是指在一定区域内呈现出的景象，这种景象体现了人与场景的艺术性、科学性、场所

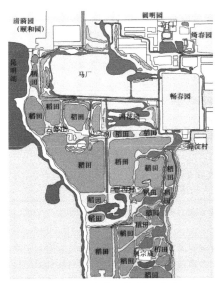

图 2.12　北京西郊稻田分布

图 2.13　雍正帝耕作图

图 2.14　红楼梦"稻香村"意向图

性与符号性。[2] 因此，生产性景观是体现人类生产生活特性的一种景象。关于生产性景观的概念，国内外学者根据不同历史时期从内容范畴、景观功能及相关理论等多个维度进行了定义（表 2.1）。

　　综上所述，生产性景观是一种以多种生产要素为基础而构成的物质性景观，具有突出的视觉效果和生产效应，能够充分地满足现代社会人们不同时期对于景观色彩和形态的视觉审美要求。其范围涵盖了以种植业、林业、畜牧业及渔业等为生产要素而形成的景观类型，是一种具有生产及能源产出的功能性景观。[9] 它包含人类对自然生产、改造、再加工的过程。所以它不仅具有景观本身的观赏美学价值，更具有实用生产价值。

生产性景观相关概念　　　　　　　　　　　　　　　　　　　表 2.1

| 地区 | 作者 | 时间 | 提出内容 |
|---|---|---|---|
| 国外 | 盖尔·弗勒顿 | 2003 | 从内容范畴及特性方面说明生产性景观是景观都市主义的一个重要组成部分，并且拥有经济性、美观性等特点 [3] |
| | 詹姆斯·科纳 | 2006 | 从景观功能方面定义生产性景观是一种区别于建筑的绿色基础设施，具有一定的生态性 [4,5] |
| | 保罗·索莱里 | 2010 | 从内容范畴方面阐述生产性景观是囊括种植业、林业、畜牧业及渔业等多种属性所形成的农业景观 [6] |
| 国内 | 刘滨谊 | 1996 | 从环境设计学角度提出现代农业景观是可以开发利用的综合资源，是具有效用、功能、美学、娱乐和生态五大价值属性的景观综合体 [7] |
| | 张敏 | 2004 | 从景观价值角度阐释了农业景观具有独特的审美特征，即生产功能、生态性、参与性以及精神价值 [8] |
| | 蔡建国 | 2010 | 从内容范畴方面阐述生产性景观来源于生活和生产劳动，它融入了生产劳动和劳动成果，包含人对自然的生产改造（如农业生产）和对自然资源的再加工（工业生产），是一种有生命、有文化、能长期继承、有明显物质产出的景观 [9] |
| | 米满宁等 | 2015 | 从景观类型方面定义生产性景观是以多样化的生产要素为景观基础材料，具备一定的生产物质产出功能，并能满足人对景观色彩、形式等视觉上的审美需求，是一种景观视觉效果较为突出、生产资料可持续并伴随休闲、体验、教育甚至有文化传承意味的景观类型 [10] |
| | 张家璇 | 2019 | 从内容定义生产性景观的内容主要包含两个方面，一是具有风景、景色基本属性的景观含义，二是指人类通过劳动创造财富的生产含义。所以生产性景观是能够创造经济产出的兼具审美的景观 [11] |
| | 严晗 | 2022 | 从风景园林学方面研究限定生产性景观并不集中于园林中具有生产功能的景观，即第三自然，而是将人类文明发展过程中的所有因生产活动而被实施改造的环境作为研究重点，范围涵盖第二、第三和第四种自然环境 [12] |

# 第 2 节　生产性景观国内外概况

## 一、国内概况

　　虽然我国传统园林萌芽发展时，就兼有生产和审美的功能，在景观实践中已经出现了具有生产功能的景观类型，但是作为学术名词出现则较晚。近年来，关于生产性景观的理论主要集中在理论研究与实践应用两个方面。

### 1. 理论

　　俞孔坚在《回到土地》中提倡"白话景观"，强调恢复景观中的生产性，延续农村几千年土地与人的和谐关系。《景观设计学》第九辑对生产性景观进行了专刊报道，对国内外的景观与建筑学者进行了访谈，这是生产性景观研究的重要节点，访谈阐释了生产性景观的定义和特性等内容。米满宁等人深入研究生产性景观的特征，分析了目前国内生产性景观的多样性现状，并根据景观的生产用途和功能进行分类研究，提出建立"乡村＋生产＋人＋景观＋城市"一体多元化生产性景观发展路径。[10]徐芃通过类比中外生产性景观的源起与发展历史，提出目前我国生产性景观发展缺少先进技术，以及忽略生态价值等局限性问题。[13]徐筱婷等人对生产性景观的形成、发展及演化过程进行分析，并归纳了其演变影响因子为：生存、城市化及低碳经济。[14]李双针对当前我国的城市居民生活方式、环境品质，以及农业总产量的现状作出了反思，总结出生产性景观对解决这些问题的积极作用与潜力。[15]张敏分析了农业景观独特的审美特征，即生产功能、生态性、参与性以及精神价值。[16]

### 2. 实践

针对我国生产性景观应用方面的研究较为丰富，大多都集中于两个方面。

一是在都市农业应用方面。对于都市农业与城市生产性景观的研究，各位学者的主要关注点在于如何在生态可持续发展情况之下，建立空间集约、生产高效、风貌美观的公共空间。戴刘生通过对都市农业的空间布局、产业耦合、生态结合、文化衔接四个方面的研究，探讨农业融入城市的可持续发展路径。[17]杨锐等人基于城市耕地空间缺失的现状，聚焦于都市狭小的空间，开发垂直的农场模仿自然循环系统，为未来都市提供了新的绿色畅想空间。[18]李新锁通过对城市生产性景观绿地分类与生产植物的研究，总结出城市绿地中生产性景观的设计方法。[19]阮锦明基于广州城市的地域性、生产性景观在广州城市的选地策略，整合生产性景观营造所需的基础设施和管理模式，针对生产性景观在地域背景下的艺术性表现等问题进行了深入的研究。[20]夏哲一等人以三山五园稻田景观为研究对象，通过数据分析结果提出生产性景观在城市应用中应加强文化精神的传递、定制差异化管理的策略等内容。[21]

二是在乡村景观营造应用方面。主要从乡村生态保护、乡愁文化表达与精神传承、乡村振兴发展等方面展开设计实践。贺勇等人呼吁乡村要探索生产性景观的内涵美，要给乡村景观重新注入生产活力，让乡村经济、社会和生态环境协调发展。[22]王立群总结出生产性景观要素在乡村景观中的保护利用模式，主要为博物馆保护、教育基地保护、旅游开发利用等模式。[23]宋吉贤通过实际情况调查与评价模型，测评并综合分析杭州市 9 个美丽乡村生产性景观的发展现状，根据不同的景观组织构成因素发展不同的景观模型，从不同地区和层次分别对生产性景观的建设和营造策略进行了研究。[24]白丹、郭筱蓓、郭摇旗等通过对具体地区或案例研究，提出农业生产性景观的规划设计策略。

综上所述，国内对生产性景观的价值、特性和营造模式进行了全面而丰富的理论论述和研究，总结了生产性景观具有除生产价值之外的审美、生态和精神价值。分别在城市与乡村中进行的生产性景观应用实践研究，在城市中探索性地提出生产性景观建设的艺术性表现策略等内容，在乡村中探索如何在保障物质产出的基础上提升乡村的景观效果。因此，虽然我国研究起步较晚，但是近年来大量研究者从不同维度对生产性景观体系进行分析与应用，为今后的研究提供了很好的基础。

## 二、国外概况

国外对于生产性景观的理论和实践的研究开展得较早。从古希腊时期开始就出现了应用生产场景。19 世纪霍华德在市民公园的基础上提出了租赁式农耕场地，将城市公园的休闲功能与生产作用相融合。20 世纪初，德国发布了《市民农法》，让市民公园真正成为生产的实用性、体验性和观赏性为一体的综合城市公园。因此，国外对于生产性景观的研究大多都集中在城市中，特别关注生产性景观为城市环境带来的生态可持续价值。国外把生产性景观引入城市建设中的目的是用来打造生态城市，以弥补工业革命时期城市发展所带来的生态问题。

### 1. 理论

国外对于生产性景观的研究主要包括三个阶段：田园城市建设阶段、连贯式城市景观建设及新城市主义理论的构建。19 世纪末，霍华德在《明日的田园城市》中将生产田园与城市建设融合发展，将生产性植物种植到城市的边缘，将生产性景观作为城市的田园景观，满足居民健康生活及生产的需要。[25] 1998 年，安德烈·维翁与卡特林·波尔首次提出连贯式生产城市景观理论，将具有生产性的植物有序地种植在城市绿化中。[26] 此理论在 21 世纪被定为"可持续生产性城市景观"，将生产性景观的各种元素都融入城市建设中。[27] 2009 年，安德雷斯·杜安尼基构建了"新城市主义理论体系"，强调了生产性景观在城市中的美学特质与使用价值。

### 2. 实践

国外生产性景观的应用大多为规划设计实践探索，主要集中在城市公共绿地、屋顶花园。各国根据城市的生态环境、气候条件等内容分别形成了不同的生产性景观规划设计体系。2009 年，美国纽约在"垂直农场"的展览中将农业与建筑外立面相结合，创造出具有独特视觉效果的垂直绿化。肯尼思·维卡尔设计公司在底特律设计了拉斐特绿地（图 2.15~ 图 2.18），种植草莓、向日葵与蔬菜等植物，并结合休息空间，形成了

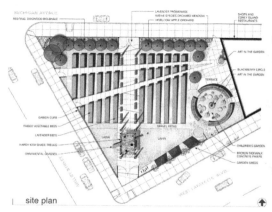

图 2.15，图 2.16 拉斐特绿地平面图及鸟瞰

图 2.17，图 2.18　拉斐特绿地细节

一个供市民休闲娱乐的城市公园。20 世纪 80 年代，新加坡将动植物结合，一起在农业带中培育，提高城市生产效率（图 2.19）。2008 年在德国"大鲁尔"项目（图 2.20，图 2.21）中，将农业景观设计成一个有特殊形状边界的开放式空间环境，且种植的作物根据时节进行轮种，保证了全年的视觉效果及生产功能。[27]

图 2.19　新加坡农业科技园

综上所述，国外对于生产性景观的认识和探索较早，普遍以城市为载体，认为要将生产性景观的各生产要素融入城市建设中去，以达到城市发展的可持续。在满足城市居民生活和休闲需求的同时，重点关注物质输出与景观效果营造两个方面。

图 2.20，图 2.21　大鲁尔地区农业景观

## 第3节 生产性景观国内外案例

### 一、国内案例

#### 1. 生产性景观应用于城市公园的案例——杭州良渚古城遗址公园

良渚古城遗址公园坐落于杭州市余杭区，是一个以历史文化遗址为依托而建立的集生态保护、科学研究、农业生产和市民休闲的综合性公园。公园面积达 49.9km²（图2.22），向人们展示了许多良渚文化的器物。5000 多年前，良渚先民在这里建都邑、筑城墙、种稻谷、治玉器。如今的良渚公园草丰水美，富有文化韵味。

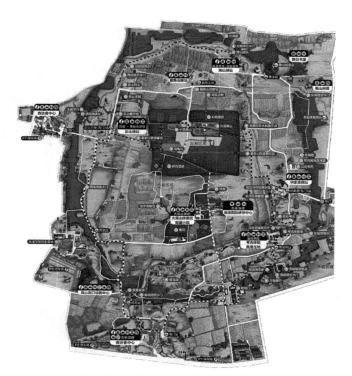

图2.22 杭州良渚古城遗址公园平面图

（1）良渚稻田的历史。2009 年，在杭州余杭茅山遗址发现了目前最大的良渚文化稻田，由灌溉水渠和田埂分割成长条形的田块，面积共 80 余亩，产量已达到 1000 公斤左右（图2.23，图2.24）。2010 年至 2012 年，考古队在良渚古城的莫角山宫殿区东坡一个浅坑中，发现了 2.6 万斤的碳化稻谷。2017 年发现了 20 万斤的碳化稻谷堆积（图2.25）。所以，当时的良渚先民已经完成了从野生稻到栽培稻的驯化历程，水稻成为良渚先民的主要食物来源（图2.26，图2.27）。

图 2.23　良渚文化时期稻田　　　　　图 2.24　河姆渡文化时期稻田

图 2.25　良渚文化时期，水田土壤筛选出的水稻颖壳、　图 2.26　良渚文化的稻田边缘与古河道堆积中出土
　　　　　小穗轴和杂草种子　　　　　　　　　　　　　　　的石斧、石刀

图 2.27　良渚文化的田埂下废弃独木舟

（2）以水稻为依托打造农田景观图景。目前良渚古城遗址公园内共种植了 6 个品种的水稻，总面积约 800 亩。进入秋季以后，水稻随风起舞，掀起千层黄金麦浪，水域纵横交错，还有多个观景平台、多个模仿种植的场景小品以及池中寺粮仓等景点，成为杭州市民休闲放松的好去处（图 2.28）。

图 2.28　良渚生产稻田

（3）以农耕文化为依托开展研学活动。每到秋收季节，公园内会举办多种体验活动，让周边的城市居民深度体验农耕秋收过程。由水稻专家组成讲学团讲述水稻故事，招募小小农夫及亲子家庭进行稻田收割体验。在劳作之后还可以在良渚书院内饮一杯清新茶饮，品鉴秋收味道（图 2.29）。

图 2.29　良渚研学活动

在良渚文化遗址公园内，人们不仅可感知良渚古城遗址的历史文化，还可以深度体验良渚的农耕文化。以农业种植为依托打造的农业景观，是杭州市区的乡愁景观打卡地，也是深度体验农耕活动的休闲地。

**2. 生产性景观应用于乡村的实践案例——中国台湾桃米村**

　　桃米村位于中国台湾南投县埔里镇西南侧约 5km 处的桃米里，村落交通区位优越，中潭公路穿村而过，是通往日月潭路上的必经之路。村内自然资源丰富，拥有丰富的森林资源，生态环境优美，青蛙、鸟类、萤火虫随处可见，生物多样性丰富，拥有"青蛙王国"之称（图 2.30）。

图 2.30　桃米村宣传图

　　（1）生物资源利用。原本只单纯依靠零星传统农业生产为出路的桃米村，在经历"9·21"地震后，村内生态环境受到了严重损害，政府决定以"生态桃米村"为主题进行灾后重建。经调查，桃米村一共拥有 23 种蛙类和 49 种蜻蜓，所以村内在原有传统农业基础上，充分利用多种生物资源，打造了一个结合有机农业、生态保育和休闲体验的保护教育基地。

　　（2）生产生态主题情景营造。村落拥有中国台湾大部分的青蛙品种，以此为特色，将村落打造为青蛙王国，从品牌形象、主题景观到导视系统（图 2.31，图 2.32），全面营造出一个四季主题生态园：3 月与青蛙互动、4 月看萤火虫、5 月看油桐花、6 月昆虫探索，暑期的桃米村成为中小学生的生物户外课堂（图 2.33~ 图 2.35）。主题式的情景营造与生态产业统筹发展，为游客营造独特的生产生态情景，挖掘了乡村旅游的深度，拓展了乡村文化的宽度。

图 2.31，图 2.32　桃米村青蛙主题小品及导视系统

图 2.33~ 图 2.35　桃米村生态园户外课堂

　　（3）农业生产文化拓展。桃米村除了在生产输出、全息式生态情景体验之外，还充分挖掘生态农业文化，形成生态文化见习园区。从农产采摘、加工、文创等方面入手，设置了体现在地自然农耕的"农之园"；促进农产品在地消化的"食之堂"；完成产品文化加工的"市之集"；实现农业艺术化和生态化的"艺之地"；倡导亲近农业生产的"学之房"；以及充分拉近人地关系，鼓励农业加工体验的"工之坊"（图 2.36~ 图 2.40）。满足游客观景、活动、交流、购物等多重需求，形成了"生产+生态+文化+体验"的乡村旅游有机循环。

图 2.36~ 图 2.38　桃米村文化拓展活动

图 2.39，图 2.40　桃米村纸教堂

桃米村以生态农业结合季节差异化情景营造，为当地村民带来优美生态环境的同时增加经济收入，以自身独特的文化吸引游客观光休闲，让游客能够感知多重乡村体验。

## 二、国外案例

德国鲁尔区位于欧洲中心，当地煤资源丰富。19世纪初期，鲁尔区以采煤工业为产业发展源头，成为世界最重要的工业区之一。但是到了20世纪70年代，世界的逆工业化发展迅速增长。为破解后工业化时代的问题，德国政府在鲁尔地区举办了埃姆舍国际建筑展及景观项目，旨在探索解决城市生态与棕地修复问题，实现城市的可持续发展。鲁尔区的农业景观项目基于此背景应运而生。

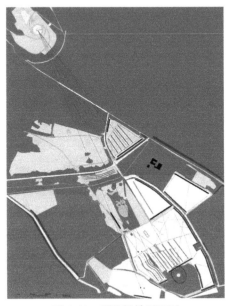

该项目位于德国埃森梅西腾贝尔地区，该地区保留着原有工业文明遗留下来的产物：大烟囱、货物堆积地、工业林地等。此区域经历了从原始自然风貌到农业景观风貌再到工业开采破坏三个阶段。所以项目在设计之初，设计者从风貌边界入手，考虑如何将农业景观过渡到城市边界中（图2.41）。

图 2.41　项目场地平面图

首先，农业景观布局。农业景观的空间肌理由城市边界组成，其形式由周边城市及街道形态组成，与居民的居住空间紧密相连。农业空间依附于城市肌理之中，成为周边居民休闲放松的好去处（图2.42，图2.43）。

图 2.42，图 2.43　空间结构与可视化研究

其次，农业美学的运用。农业景观将美学与实用相结合，从植物季相表达出发，历经两年研究出了植物种植的色彩视觉搭配组合方式，季相色彩同农业生产日历相呼应，每个季节都有相应的季节色，形成了良好的景观效果（图2.44~图2.46）。

此项目不仅关注生产性景观的基本生产功能，更对其美学功能进行了深入研究，将季相色彩融入景观表达之中。

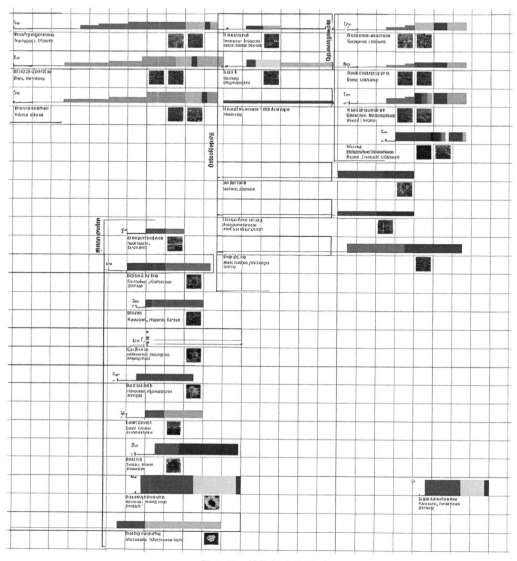

图 2.44　植物颜色分析

图 2.45，图 2.46　景观效果

# 第 4 节　新型乡村生产性景观

## 一、新型乡村生产性景观概念的提出

### 1. 传统乡村生产性景观

生产性景观包含了人类对大自然的生产或改造（例如农业生产），和对其他自然资源进行的再加工（即生产或者加工），是一种既有生命又具文化、可以长期传递或者继承，并且具有明确物质生产载体的景观。乡村生产性景观是指在以农业人口为主的聚落空间中从事生产生活的景观情景，它主要表现的是传统农作生产的景观。传统乡村生产性景观主要由生产元素、生产活动和生产工具三部分组成（图 2.47）。

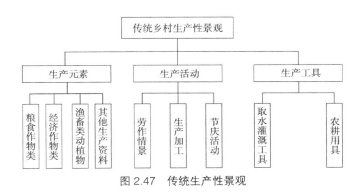

图 2.47　传统生产性景观

生产要素由生产性景观生物和其他生产资料组成。生产性景观生物主要包含 3 种形式：粮食作物类、经济作物类（如瓜菜作物、林果类、茶作物及药作物等）、水产及禽畜牧类动物。这些是乡村生产性景观营造的物质基础，是由乡村的地理环境、生态环境等外界因素决定的，其来源于乡村内生的物质资源。

生产活动主要是指进行物质产出劳动时的情景，主要分为劳作情景（如播种、收割等动作和氛围）、生产加工（如作物的初次加工和制作等）和与传统农业有关的节庆活动（如开山伐木庆祝仪式、秋收节和开渔节等）。劳作情景与生产活动充分记录了作物的生产过程，是祖祖辈辈对于生产过程积累出的一套实践经验，具有较高的农业参考价值。节庆活动代表了人们对生产寄予的希望，是一种精神寄托。

生产工具主要指从事农业生产之时所用到工具，如取水灌溉工具、农耕用具等。这些工具根据从事劳作的项目而有不同，他们代表了人类文明的进步与生产智慧。

### 2. 产业发展契机

传统乡村农作物产品大多流通于乡村本地市场中，且农作物因为劳动力的缺失导致产量较小，在市场中的份额逐渐减少，导致经济价值较低。因此，单纯依靠农耕作物的经济收入已经不能满足日常村民的生活需要。在新时代的背景之下，随着数字经济逐渐渗透到乡村，所带来的科学农业技术、智慧物流系统、直播销售渠道等红利为乡村带了发展机遇。随着我国乡村振兴的持续推进，乡村休闲旅游热度空前高涨。传统的生产性景观仅具有单一的观赏功能，但是乡村的生产性景观资源具有独特的在地性特征，本身就是一种带有文化价值的乡愁景观表达形式。所以传统生产性景观可结合当下时代背景及产业发展契机，进行多样化拓展，为传统生产性景观更新转化为新型生产性景观带来可能，不仅具有传统农业生产价值的景观效果，而且具有多重表达含义。

### 3. 新型乡村生产性景观理论

#### （1）新型乡村生产性景观的含义

新型乡村生产性景观在保障传统产业的基础上促生了新型产业，在此过程中形成生态友好的自然环境，可提升乡村地域文化识别性，可增加景观乡村风貌的审美价值，在提高农业生产的同时拓展乡村产业类型。相较于传统农业乡村生产性景观来说，新型生产性景观是第一、二、三产业联合发展，实现农业—农景—农趣的多维发展模式（表2.2）。

传统乡村生产性景观与新兴乡村生产性景观类比　　　　　　　　　表 2.2

| | 传统乡村生产性景观 | 新型乡村生产性景观 |
|---|---|---|
| 关键词 | 生产农景、大地景观、季相风貌 | 生产互动、体验探索、文化衍生 |
| 主要元素 | 传统农业要素 | 农业要素 + 文化要素体 |
| 影响因素 | 季相为影响景观的决定性因素 | 季相风貌 + 活动情景 + 配套设施 |
| 发展模式 | 以生产 + 观赏为主，以第一产业和第二产业为主要输出单元 | 第一、二、三产业联合发展，实现农产—农景—农趣相结合的有机发展模式 |

#### （2）新型乡村生产性景观的特性及景观作用

新型乡村生产性景观是与人类活动密切相关的，是一种复合乡村生态环境、生产生活为一体的具有物质产出的景观，同时具有多样特性。特性主要来源于两个方面：一是展现农业景观自身特点的显性特征，即自然特征，如：生态性、美学性及功能性；二是体现劳作者生活生产的隐形特征，即社会特征，如：经济性、文化性及参与性。无论是自然特征，还是社会特征，对乡村生态基础的稳固、精神文化的传承、景观风貌的提升及经济产业的扩展都发挥了巨大的作用（图2.48）。

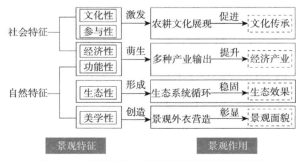

图 2.48　新型乡村生产性景观特征及景观作用

## 二、乡村生产性景观空间类型

为进一步分类细化进行因地制宜的针对性研究，在乡村中可按照土地类型和空间形态，将适合打造生产性景观的空间划分为：农田、山林、园地及线性四大乡村景观空间类型。这四大类型基本涵盖了浙江山区大部分乡村地区的主要景观空间，通过对空间类型的有效梳理，有助于提出新型乡村生产性景观的分类实施策略。

（1）农田景观空间

农田是乡村农业生产的主要空间类型。浙江省山区乡村农田主要包括了 3 种类型：梯田、圩田和旱地，主要用于种植粮食作物、蔬菜、药材等经济作物。农田在乡村中是农作物生长的主要空间，其规模一般较大，成面状集中分布在乡村宅基地外部。

农田在乡村中占有较大的面积，保障其生产经济价值是最基本的要求。正是这风吹麦浪、金黄滚滚、稻香飘扬的场景，寄托了都市人的乡愁。所以，利用生产性景观中的文化功能，在保障粮食种植的基础上合理搭配种植，不仅能增强其景观观赏效果，还能增加乡村的文化价值。

（2）山林景观空间

山林主要由山地和林地两部分组成。山地是针对地形地貌予以定义，林地则是根据土地性质针对植物种植要素予以规范。所以本书特指的山林空间，主要是指具有一定海拔和坡度的地面上种植了郁闭度 0.2 以上的乔木林、竹林、灌木、疏林、未成林与苗圃等植物。[28、29] 山林作为山体和树木的结合体，具有丰富的自然物质资源，对构建景观环境起到了基础决定性作用。

浙江省素有"七山一水两分田"之称，大多数的乡村处于山地丘陵之中，山林也为村民提供了生产物资的来源。但随着生态环境的韧度缩小以及生态稳定性降低，山林的自我循环系统因不断开发而遭到了破坏，使山林的生产价值逐渐降低，山林景观维护成本增加。因此，山林生产性景观的建设是指在不破坏生态环境下，对现有物质资源的再利用，使其变成为人所用、所观、所赏的可利用空间。

（3）园地景观空间

国家标准《土地利用现状分类》GB/T 21010—2017 将园地界定为种植以采集果、叶、根、茎、汁等为主的集约经营的多年生木本和草本作物，覆盖度大于 50% 或每亩株数大于合理株数 70% 的土地，包括用于育苗的土地。[30] 乡村园地空间具有更多样的小规模种植、"圈养化"的自主耕种、生物景观共养的特点，兼具乡村自然景观、人文风情和生产民俗，是集中展现乡村风貌的场所。

乡村的园地空间是距离村民生活空间最近、尺度最多样的空间类型，它最为直接地反映了当地村民的农业种植成果与村民的生产生活状态。但是因园地种植规模较小、经济效益不稳定导致资源荒废；以及由于居民生活空间的随意拓展，导致园地空间被侵占。对此，我们以生产性景观设计为载体，直面园地生产农业问题，重新布局生产结构与生产生活空间，通过空间联动与产业联动，提高园地的生产与景观价值。

（4）线性景观空间

线性空间是一个具有连贯性的空间类型，包含了交通系统、绿地系统和水体系统等环境要素。乡村中的线性空间是包括村庄内外河流、道路等一系列呈线性特征的空间形态，是一个综合人为设计与原始自然生态环境的景观体系，具有连贯性、延展性的特点。

在乡村中，存在着大量的道路、河流、绿道、沟渠等线性空间，由此构成了村庄景观体系极具特色的基本空间形式。为整治当前乡村线性空间的生态危机，浙江省提出"四边三化"建设行动，开展公路绿化美化、河边洁化、山边生态化的环境整治行动。将生产性景观应用于乡村线性空间，不仅能够解决乡村建设中农业生产问题，同时对生态、景观、经济、文化等发展有良好的推动作用，有利于实现整治环境、维护生态、重现生产价值。

## 参考文献

[1] 徐芃. 中外生产性景观的概述 [J]. 江西农业学报，2012，24（3）：23-25，29.

[2] 俞孔坚. 景观的含义 [J]. 时代建筑，2002，（1）：14-17.

[3] 石晗，张玺玲，张建国，等. 国外生产性景观理论研究与应用情况 [J]. 浙江农业科学，2015，56（3）：352-355，361.

[4] 汪辉，洪辉铭. 詹姆斯·科纳景观都市主义思想与实践解析 [J]. 林业科技开发，2013，27（1）：120-124.

[5] Waldheim C. The Landscape Urbanism Reader [M]. New Jersey：Princeton Architectural Press，2006：13-19.

[6] 保罗·索莱里，程绪珂，苏雪痕，等. 生产性景观访谈 [J]. 景观设计学，2010（9）：70-79.

[7] 刘滨谊. 人类聚居环境学引论 [J]. 城市规划汇刊，1996（4）：5-11，65.

[8] 张敏. 农业景观中生产性与审美性的统一 [J]. 湖南社会科学，2004（3）：10-12.

[9] 蔡建国. 丰富多彩的生产性景观植物配置·生产性景观访谈 [J]. 景观设计学，2010，（1）：76-77.

[10] 米满宁，张振兴，李蔚. 国内生产性景观多样性及发展探究 [J]. 生态经济，2015，31（5）：196-199.

[11] 张家璇. 农业公园生产性景观营造研究 [D]. 西安：西安理工大学，2019.

[12] 严晗. 风景美学视角下的生产性景观研究 [D]. 北京：北京林业大学，2020.

[13] 徐芃. 中外生产性景观的概述 [J]. 江西农业学报，2012，24（3）：23-25，29.

[14] 徐筱婷，王金瑾. 生产性景观演化的动因分析 [J]. 湖南农业大学学报（自然科学版），2010，36（S2）：141-143.

[15] 李双. 城市生产性景观的实践与思考 [D]. 中国艺术研究院，2012.

[16] 张敏. 农业景观中生产性与审美性的统一 [J]. 湖南社会科学，2004（3）：10-12.

[17]　戴刘生 . 现代田园城市视角下的都市农业规划研究 [D]. 西安：西安建筑科技大学，2013.

[18]　杨锐，王丽蓉 . 垂直的农场——未来都市农业景观初探 [C]. 中国风景园林学会 . 中国风景园林学会 2011 年会论文集（下册），2011：138–140.

[19]　李鑫锁 . 生产性景观应用于上海城市绿地的设计研究 [D]. 上海：东华大学，2013.

[20]　阮锦明 . 生产性景观在广州城市失落空间的整合设计研究 [D]. 广州：广东工业大学，2013.

[21]　夏哲一，袁承程，魏雪，等 . 城市公园生产性景观价值对游客场所依恋的影响 [J]. 中国城市林业，2023，21（4）：164–170.

[22]　贺勇，孙佩文，柴舟跃 . 基于"产、村、景"一体化的乡村规划实践 [J]. 城市规划，2012，36（10）：58–62，92.

[23]　王立群 . 生产性景观要素在乡土景观中的再利用研究 [D]. 西安：西安建筑科技大学，2015.

[24]　宋吉贤 . 杭州地区美丽乡村建设背景下生产性景观调查分析与研究 [D]. 杭州：浙江农林大学，2017.

[25]　埃比尼泽·霍华德 . 明日的田园城市 [M]. 金经元，译 . 北京：商务印书馆，2010.

[26]　Katrin B，Andre V. Continuous Productiveurban Landscape（CPUL）：Designing Essential Infrastructure[J]. Landscape Architecture China，2010（1）：28–30.

[27]　杨豪 . 生产性农业景观设计研究 [D]. 成都：成都大学，2023.

[28]　蒋林，王芳，孟庆 . 城乡规划视角下的"山地"和"山地城镇"界定初探 [A]. 中国科学技术协会 . 第二届山地城镇可持续发展专家论坛论文集 [C]. 中国科学技术协会：中国城市规划学会，2013：8.

[29]　吴秋菊，冯世蓉 . 对林业生态建设中有林地划分标准的探讨 [J]. 四川林业科技，2006（3）：70–72.

[30]　中华人民共和国国家质量监督检验检疫总局，中国国家标准化管理委员会 .《土地利用现状分类》 GB/T 21010—2017.

# 第3章

# 乡村生产性景观生物数据库建立

## 第1节 数据库概述

### 一、数据库建立背景

数据库技术产生于 20 世纪 60 年代，IBM 的研究人员第一次提出了层次数据库与网状数据库的概念，用于管理大规模数据，以及长期储存和管理数据。从最早的平面文件到关系数据库，再到 NoSQL 数据库和大数据存储，如今的数据库系统已经成为计算机科学和信息技术领域的核心组成部分，支持着各种应用——从企业数据管理到云计算、人工智能和物联网。

数据库是一个有组织的、可持久化存储的数据集合，用于有效地存储、检索、管理和更新数据。数据库系统是在计算机上实现的，它们提供了一种结构化的方法来存储和操作数据，以满足不同应用的需求。数据库中的数据按一定的数据模型组织、描述和储存，具有较小的冗余度、较高的数据独立性和易扩展性，并可为各种用户共享。[1]建立数据有助于集中管理数据信息、保障数据的安全性与持久性，从而实现数据共享与高效数据检索功能。

### 二、生产性景观生物数据库内容及主要用途

目前，国内针对浙江省植物的研究内容较多，但大多都集中在植物配置、植物群落以及物种研究上，针对省内植物的全面梳理性研究工作较少。本书对浙江山区乡村具有生产性的生物进行普查与筛查后，建立地域性景观生物资源数据库，为后续研究生产性景观营造模式提供资源支撑。

#### 1. 生产性景观生物数据库概念界定

生产性景观生物数据库是汇集带有积极因子的可用于营造当地特色景观的地域性乡村景观生物，利用计算机编程语言建立关系性数据库，所建立起的信息共享数据库，实现数据的分类整理、储存功能。其内容包括基础景观生物的查询、信息展示、统计分析、系统管理等。

#### 2. 生产性景观生物数据库建立流程

建立数据库主要包括两大阶段。

首先是样本汇集及组织阶段。此阶段通过文献查阅和田野调查，挖掘浙江山区的乡土动植物资源和生产活动、生产工具等地方生物景观资源要素。收集地域性景观生物资源样本，分析它们的分布情况、生长习性、形态特征、美学价值、生态价值、经济价值、社会价值、与绿色产业相契合的生产可能性、文化寓意、特殊功能等因素。通过初步的定性判断，筛选出带有积极因子的可用于营造当地特色景观的地域性乡村景观生物，从中挖掘传统的生产性景观生物和可转化的潜在生产性景观生物，组成浙江山区乡村的生产性景观生物（包括传统的和潜在的）数据库的数据样本。根据浙江省的专家和山区农户的筛选结果，选取出 100 种植物、16 种动物、10 种生产活动、8 种生产工具。

其次是数据库结构搭建阶段。数据库管理系统的搭建根据数据样本，搭建了前端、后端和数据库三层架构，采用 Microsoft Visual Studio Community 2019 作为设计开发工具，搭建了数据录入模块、数据信息查询与筛选模块、数据信息修改模块、用户与角色权限管理模块、数据存储与备份模块几大系统。本系统采用基于云服务的数据库 + 本地数据库技术，可以有效地提高数据的安全性和可靠性，同时也方便了用户的操作和管理。

**3. 搭建生产性景观生物数据库目的及意义**

对浙江山区乡村生产性景观生物进行基本分类、价值分析、产地与分布特征等 30 余项资料进行全方位的信息收集，获取第一手资料。通过对生物的多维度研究分析，充分了解浙江山区乡村生物群落的生长状况与景观特征，为后续进一步探讨生产性景观营造模式的研究奠定基础。

利用计算机编程语言构建数据库，将获取的数据样本处理后实施统一管理，实现数据库特有的查询、统计和网络共享功能，形成区域性的专业应用型数据库。通过数字化信息的植入，为今后的乡村建设、绿化管养等工作提供素材支撑、数据交互和决策依据。

# 第 2 节　数据样本获取

浙江省位于中国的东南部，包括了华中华东的低山与丘陵地貌和江浙冲积平原，具有典型的地理特征。浙江省地势西南高、东北低，呈阶梯状。西南部的山区海拔较高，很多地方海拔在 1000m 以上，是省内主要的山地地区。中部多是海拔在 500m 以下的丘陵地带，而北部太湖流域和钱塘江下游地区则是冲积平原地区。浙江省主要的土壤类型包括红壤、黄壤、黄棕壤，而在低山和丘陵地区偶尔也会有一些岩成土壤。平原和滨海地区则主要包括水稻土、盐土和潮土，这些土壤类型对农业产出有不同的影响。总的来说，浙江省的地理特点在地势、山脉、河流、气候和土壤等方面呈现出多样性，这些特点对于该省的自然环境、农业、生态系统和地理景观都具有重要影响。

根据生产性景观的概念，浙江山区乡村生产性景观生物数据库的样本主要由 4 部分组成：植物资源、动物资源、生产活动及生产工具。将物质资源和非物质资源都汇集在数据库中，为生产性景观传达物质与非物质要素奠定了基础。

因为景观生物具有在地性，不同地域、不同环境都有本土的生物存在。为了取得较为全面的数据库样本，本书采用文献检索与田野调查两种方式获取浙江山区乡村生产性景观生物数据库的样本。文献检索允许访问已有的研究结果与数据，田野调查则可以获取新鲜、实际和地方特有的数据。两者结合可以获取更全面和多样化的数据，可以降低数据偏见的风险，并增加研究结果的科学可靠性。

## 一、文献检索

通过查阅《浙江植物志》《浙江植物志（新编）》《浙江动物志》、浙江种质资源数据库等相关文献、著作及网络相关数据资源，收集生产性景观营造所需的生物资源样本。[2, 3, 4]

### 1. 植物资源

浙江省拥有丰富的植物资源，其开发和利用历史可追溯到距今约 7000 年前的新石器时代。余姚的河姆渡遗址出土的考古学资料表明，在那个时期已经有一定规模的农业经营活动。这为浙江省的资源植物利用奠定了基础。自改革开放以来，浙江省由于交通便利、经济发展迅速，同时注重引进国外先进技术，许多资源植物已进入了规模化生产阶段。特别是在食用植物、药用植物、工业用植物、芳香植物，以及环境保护植物等领域，浙江省的资源植物开发和利用得到了广泛而深入的推动。这些努力已经形成了门类齐全、具备一定生产规模的各类企业，极大地提高了浙江省农业生产的效益，为该省农业的健康、快速发展作出了重要而积极的贡献。

据《浙江植物志（新编）》记载，浙江省共有维管束植物 4866 种，占全国种数的 15%。就具有生产性的植物而言，包括食用植物约 1490 种，药用植物约 3143 种，工业用植物中的材用树种 1139 种。课题组根据浙江山区的地形地貌与生产性景观营造的需要，列表后通过比对勾选，收集了 272 种生产作物。

### 2. 动物资源

浙江省的生产性动物资源丰富多样，包括了家畜、家禽、水产等多个领域。除了主要的家畜和家禽外，还有一些品种，如蜜蜂、桑蚕、兔等，这些动物不仅是生态系统中重要的一环，大量的养殖也为农村经济提供了额外的收入来源。浙江省的生产性动物资源养殖水平相对较高，对当地农村经济和农民收入起到了重要的支持作用。同时，随着农业产业的现代化和技术创新的推动，这些养殖业也不断发展和提升，为当地的农业生产和食品供应作出了积极贡献。

据浙江省林业局的动物资源库中显示，目前浙江共有 30 种动物资源。本文研究限定于浙江山区乡村生产性景观营造这一场景，课题组对动物资源进行了初步筛选，具有生产性的动物常见品种共 15 个品种，包括：牛、猪、羊、马、驴、兔、鸡、鸭、鹅、鸽、鹿、鱼、海蜇、螺、虾。

## 二、田野调查

　　根据浙江山区的分布情况，本次调研于 2020 年春节前后在浙江省杭州市、湖州市、金华市、衢州市、丽水市、温州市、台州市 7 个地市所辖 35 个县市区进行。调研组共有 50 位来自浙江山区的大学生调研员（表 3.1），要求每人利用寒假返乡期间，去往各自家乡所在县市区的 6 个不同乡镇，找农事经验丰富的农民进行点对点的访谈，每个乡镇建议访谈多人，但均需汇总记录在一份问卷上。本次调研累计发放 300 份访谈问卷，对 300 个山区乡镇进行了初次数据库样本的调研；共收回有效问卷共计 275 份，对浙江山区乡村的生产性景观生物进行了全面的摸查。此次调研的目的是通过实地勘查、现场访问等渠道，获取与当地相关的生产性动物资源、植物资源、生产活动与生产工具（问卷详见附录 1）。

田野调查地区　　　　　　　　　　　　　　　　　表 3.1

| 地区 | 县 / 区 / 县级市 | 调研人数（人） |
| --- | --- | --- |
| 湖州 | 德清 | 1 |
| | 长兴 | 1 |
| | 安吉 | 1 |
| 杭州 | 临安 | 1 |
| | 淳安 | 1 |
| | 建德 | 1 |
| | 桐庐 | 1 |
| | 富阳 | 1 |
| 金华 | 婺城 | 1 |
| | 武义 | 1 |
| | 浦江 | 1 |
| | 磐安 | 1 |
| | 义乌 | 1 |
| | 东阳 | 1 |
| | 兰溪 | 1 |
| | 永康 | 1 |
| 衢州 | 柯城 | 2 |
| | 衢江 | 1 |
| | 常山 | 2 |
| | 开化 | 2 |
| | 龙游 | 2 |
| | 江山 | 2 |

续表

| 地区 | 县 / 区 / 县级市 | 调研人数（人） |
|---|---|---|
| 丽水 | 莲都 | 2 |
| | 青田 | 2 |
| | 缙云 | 1 |
| | 遂昌 | 1 |
| | 松阳 | 1 |
| | 云和 | 2 |
| | 庆元 | 2 |
| | 景宁畲族自治区 | 2 |
| | 龙泉 | 2 |
| 温州 | 永嘉 | 2 |
| | 泰顺 | 2 |
| 台州 | 天台 | 2 |
| | 仙居 | 2 |
| 共计 7 个地区 | 35 个县市区 | 50 人 |

### 1. 动植物资源

本次调研不仅局限于目前乡村种植作物与动物的品种，也同样关心动态存在过程，比如曾经有种植但现在无种植的植物，消失原因及农民的复植意愿，还有曾经无本地种植但新兴的植物品种。同时关注到了植物与动物之间的套种共生情况，将植物与动物进行复合研究。本次调研共摸查出 372 种动植物资源以及 63 组动植物共生共养模式。

### 2. 生产活动

浙江省的生产活动与当地的传统文化和风俗习惯密切相关，这些生产生活情景是我国劳动者生活的缩影。这些丰富的生产活动不仅对当地文化传承和发展有积极影响，还对经济、旅游业和社会有诸多益处。通过对生产制造开始之际的庆祝、展览和表演等方式，传达对生产产能的美好希望，并且村民能在活动中建立联系，促进社会和谐。

在此次田野调查中，根据每个地区的文化与生产习惯和中国传统习俗，共统计出10 种和生产相关的活动场景，如果蔬农事、畜牧农事、播种场景、开秧门、采茶活动等。

### 3. 生产工具

乡村生产工具主要集中于农作工具，是指用于农业生产的各种设备和工具，它们在农村地区发挥着关键作用，帮助农民进行种植、耕作、收割和其他农田管理活动。尽管随着机械化时代的到来，传统工具的使用逐渐被取代，但自从新石器以来，这些就是我们获取食物的工具，所以其具有的文化意义将逐渐产生价值。

　　本次调研通过实地去农户家勘查以及田间观察，共汇集了 8 种常见的生产工具，包括耕种工具（犁头、锄头、镰刀、锛、风车等）、运输工具（背篓、箩筐）、灌溉工具（水车）。

　　基于文献查询与田野调研两种方法共获取了 300 余种植物、16 种动物、10 种活动场景以及 8 种生产工具的样本。根据生产性景观的特点特征，将这些样本初步归纳为了 4 大类、8 个小类（表 3.2）。

初步样本归纳 表 3.2

| 分类 | 小类 | 样本数量（种） |
| --- | --- | --- |
| 植物 | 粮食类作物 | 5 |
| | 经济类作物 | 272 |
| | 其他生产资料类作物 | 79 |
| 渔畜类动物 | 渔畜类动物 | 16 |
| 生产活动 | 生产活动 | 10 |
| 生产工具 | 耕种工具 | 5 |
| | 运输工具 | 2 |
| | 灌溉工具 | 1 |
| 共计 | | 390 |

## 第 3 节　数据遴选与统计

### 一、数据遴选标准

　　前期的文献检索和田野调查收集了大量的生产性景观生物，这些生物都具有不同的生产特征与功能作用。但是为了使研究具有浙江山区的普适性与操作性，需要在大量数据中进行生物资源遴选，建立最适宜和有效的数据库内容。经过筛选后的生物资源将有助于最大限度地利用和保护生物多样性，提高资源利用效率，改善生产和生活质量，促进科学研究和创新，推动可持续发展，维护生态平衡。但是在筛选过程中应先进行科学评估，确保资源的合理、可持续和长期的利用。为了筛选出最具有普适性且功能价值较高的生物景观资源，特此建立生物景观要素遴选标准，遴选出浙西山区最具特色的生物景观资源。

　　新型乡村生产性景观具有促进文化传承、稳固生态效果、提升经济产业额、彰显景观面貌的作用。生物资源是生产性景观的营造基础，所以通过文献的整理，归纳出生物资源以及数据库应具有的基本要求及遴选标准（图 3.1）。

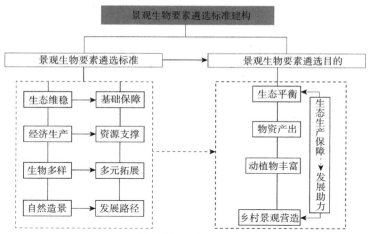

图 3.1　景观生物要素遴选标准建构

### 1. 应具有良好的防风固土与生态稳固作用

植物的树冠与叶子能够减缓风的流速，降低风的能量，从而降低了风速对土壤侵蚀的影响。植物的根系可以穿透土壤，形成一种网状结构，有助于固定土壤颗粒，防止其被风吹走或被水冲走。根系还可以改善土壤的稳定性和抗侵蚀性。落叶和枯枝等植物残体可以逐渐分解成有机质，丰富土壤，增加其保水性和肥力。这有助于减少土壤的侵蚀和流失。植物在防风固土方面的作用是生态系统服务的一部分，对于土壤保护、水资源管理、生态恢复和人类居住环境都具有重要的价值。[5]

### 2. 应具有一定的经济产出价值

人类衣食住行的原材料都离不开自然，自然对人类社会和经济系统有着重要的影响。植物与动物是食物的重要来源，它们构成了人类的主要饮食来源。许多生物用于制造药品与药物，植物和微生物是生物燃料和能量的来源，树木和森林为人类提供可以利用的木材和纤维等。[6]

### 3. 应具有自然造景功能

生产性景观不仅要具有生产效用，还应具有美学价值；[7]可以用于创造美丽、和谐又吸引人的自然景观，以增强环境的美感和人们的生活体验。它包括了山势地形呈现的直观性的大地之美；动植物自然生长搭配带来的协调美、色彩丰富性；不同植物相组合后蕴含的美学带给人无限的联想。

### 4. 应具有多样性

生物多样性是指地球上不同生物种类的丰富性，包括植物、动物、微生物等各种生命形式。应包含物种的多样性，每种生物都有其独特的特征、生态角色和遗传信息。生物多样性对地球的生态平衡和生态系统的稳定性至关重要。它提供了食物、药物、材料和其他生存所需的资源。同时，生物多样性也有助于维持气候调节、水资源管理、污染控制和土壤肥力等生态系统服务。所以数据库的组成中要考虑不同物种之间的合理搭配。[8]

## 二、数据组织

根据数据库遴选标准对 390 个数据样本进行了筛选。本次筛选主要分为两组：一组为风景园林学专家对其进行筛选与补充，同时再次进行田野调查，邀请具有丰富耕种经验并深耕本土多年的农民进行数据库筛选与补充。最后基于两次数据库筛选结果，汇集整理出本书的浙江山区生产性景观生物数据库。

### 1. 遴选数据整理

根据文献检索与田野调查已初步建立数据库样本，但是涉及内容较多，所以在此基础上整理出需遴选数据的详细信息，方便专家与农民选择。因生产性景观中植物资源占比较大且内容较多，所以此供遴选的数据内容主要针对生产性植物资源进行遴选。为保证信息准确性，此数据整理在 3 位专家（分别是植物学、农学和乡村规划设计研究领域的教授）的指导下完成。数据信息内容主要包括植物资源的植物类型、植物名称、生态性、经济性、美学性、社会性、功能性及图片的详细介绍（表 3.3），方便后续参与遴选的专家与农民更清晰地了解植物相关信息。

需遴选数据信息样表（举例）　　　　　　　　　　表 3.3

| 序号 | 植物类型 | 植物名称 | 图片 | 生态性 | 经济性 | 美学性 | 社会性 | 功能性 |
|---|---|---|---|---|---|---|---|---|
| 1 | 乔木 | 柑橘 | | 性喜温暖湿润，对土壤的适应范围较广 | 食用及加工品售卖；药材售卖；开展第三产业（特色采摘园） | 四季常青，树姿优美，庭园观赏价值极高 | 种植悠久，屈原《桔颂》；花语吉祥如意，大吉大利 | 含有人体保健功能；药用价值；改善生态环境；庭园观赏 |
| 共计 | | | | | | | | 76 种 |
| 2 | 灌木 | 白首乌 | | 生于海拔 3500m 以下的山坡岩石缝中、灌丛中或路旁、河流潮湿地 | 药材售卖，或作为早茶、下午茶售卖 | 花冠辐状，白色或黄绿毛，花期 6~7 月，果期 7~10 月 | 古籍记载其用于晚唐，沿用至今，被历代名家视为摄生防老珍品 | 保健草药，以保健为主，温补宜人 |
| 共计 | | | | | | | | 68 种 |
| 3 | 草本 | 酢浆草 | | 保健草药，以保健为主，温补宜人 | 药材售卖 | 花单生或数朵集为伞形花序状，花黄色 | 俗称的"幸运草" | 观赏价值；药用价值；全草入药，清热解毒，消肿散疾 |
| 共计 | | | | | | | | 172 种 |

| 序号 | 植物类型 | 植物名称 | 图片 | 生态性 | 经济性 | 美学性 | 社会性 | 功能性 |
|---|---|---|---|---|---|---|---|---|
| 4 | 其他 | 葡萄 | | 种植区域较为广泛且土地适应能力较强 | 大量种植，可通过售卖获得经济效益；开展第三产业 | 果实成熟时呈紫色或绿色，造型具有特殊性 | 常见水果，具有"多子多福"的文化寓意 | 食用功能 |
| 共计 | | | | | | | | 31种 |

### 2. 遴选过程

本次遴选数据库的工作由相关领域专家与从事农业种植的农民完成。植物研究专家共计11人，主要分为高校植物学、农学和设计专家6人，设计院景观设计专家5位。地方有经验的农民不少于20位，农民主要是指年龄50岁以上具有丰富耕种经验的土地劳动者，主要分布在6个地市的22个县市区（表3.4）。本次问卷发放以电子表格形式进行点对点发放，以便于各位调研人员修改数据库。

参与遴选的农民分布地区　　　　　　　　　　　　表3.4

| 地区 | 县/区/县级市 | 问卷数量（份） |
|---|---|---|
| 杭州 | 淳安 | 1 |
| | 建德 | 1 |
| | 桐庐 | 1 |
| 金华 | 武义 | 1 |
| | 兰溪 | 1 |
| | 永康 | 1 |
| 衢州 | 柯城 | 2 |
| | 衢江 | 1 |
| | 常山 | 1 |
| | 开化 | 1 |
| | 龙游 | 1 |
| | 江山 | 1 |
| 丽水 | 莲都 | 1 |
| | 青田 | 1 |
| | 云和 | 1 |
| | 庆元 | 1 |
| | 景宁畲族自治区 | 1 |
| | 龙泉 | 1 |

续表

| 地区 | 县 / 区 / 县级市 | 问卷数量（份） |
|---|---|---|
| 温州 | 永嘉 | 2 |
| | 龙港 | 1 |
| 台州 | 天台 | 1 |
| | 仙居 | 1 |
| 共计 6 个地区 | 22 个县市区 | 24 |

专家和农民根据表格内所介绍的植物信息，综合考虑植物的各项性能，从中筛选出100~120 种理想的浙江山区生产性景观植物。首先，大致确定 4 类植物的最佳搭配比例，据此确定每类别的总数（举例：假如受访者觉得理想的配比中，乔木应占 15%~20%，那么他筛选出来的乔木数量就在 15~24 种之间）。其次，在每一类别中，综合比对分析植物的生态性、社会性、美学性、经济性、功能性后，直接对表格进行编辑（举例：如受访者认为某种植物不合适或不理想的，则直接删除或修改电子表格；若受访者认为浙江山区还有更合适的生产性景观植物未列入表格，则直接添加至相应类别中）。最后，根据收回的表格进行统计，筛选出植物参考四种类别的比例，总数以 100~120 种为控制条件。

本次数据库遴选调研共计点对点发放 34 份问卷，最终收回有效问卷 34 份。根据 34 份问卷结果内容，选取重合度较高的生产性景观植物，共计 100 种形成最终的浙江山区生产性景观生物数据库的植物资源数据。

## 三、数据库内容

经过前期文献检索、田野调查与专家农民的遴选，最终梳理出本文研究的浙江山区生产性景观生物数据库的内容，主要由 100 种植物资源、16 种渔畜类动物资源、10 种生产活动以及 8 种生产工具组成，将在下篇的 4 种空间类型中分别列出并使用。

### 1. 植物资源

共有 100 种植物资源。每个植物资源共有 21 个小项，包含植物的基本信息、种植区域、植物类型、植物特性、套种搭配及各成长阶段的照片等内容（表 3.5）。从植物本身信息到种植搭配指导再到植物效果呈现，从生产性景观营造所需内容出发，全面展示植物的生产性景观效果。

数据库——植物资源小项　　　　　　　　　　　　表 3.5

| 小项 | 备注 |
|---|---|
| 植物名称 | 植物学名 / 方言名称 |
| 植物类型 | 按照乔木 / 灌木 / 草本 / 其他四大类型进行分类 |

| 小项 | 备注 |
| --- | --- |
| 调研数据来源地区 | 数据来源于田野调查的地区 |
| 种植区域 | — |
| 生产性植物分类 | 根据生产性景观特性进行分类分为经济类作物（林果类作物／药类作物／瓜菜类作物）／粮食类作物／其他生产资料类作物 |
| 植物概况 | 详细介绍植物形态 |
| 动植物套种／共生搭配 | 罗列田野调查中出现的套种现象 |
| 动植物套种／共生效果 | 图片展示 |
| 套种／共生数据来源地区 | 数据来源于田野调查的地区 |
| 生态性 | 介绍其生态特性与生态价值 |
| 功能性 | 介绍其功能特性与功能价值 |
| 经济性 | 介绍其经济特性与经济价值 |
| 美学性 | 介绍其美学特性与美学价值 |
| 社会性 | 介绍其社会特性与社会价值 |
| 植物单体图片 | 图片展示 |
| 果实特写 | 图片展示 |
| 花期效果 | 图片展示 |
| 播种效果呈现 | 图片展示 |
| 成熟效果呈现 | 图片展示 |
| 小片种植景观效果 | 图片展示 |
| 大片种植景观效果 | 图片展示 |

### 2. 渔畜类动物资源

共计 16 种渔畜类动物资源。因每个动物品种较多且具有地域特征，所以在此数据库中仅统计动物大类，小类不作细分。此类资源共 12 个小项，主要介绍动物概况、动植物共生搭配、特性价值及图片等内容（表 3.6）。

数据库——渔畜类动物资源小项　　　　　　　　表 3.6

| 小项 | 备注 |
| --- | --- |
| 动物名称 | 大类动物名称 |
| 植物类型 | 按照陆生动物／水生动物两大类型进行分类 |
| 动物概况 | 详细介绍植物形态 |
| 动植物共生搭配 | 罗列田野调查中出现的套种现象 |
| 动植物共生效果 | 图片展示 |
| 共生数据来源地区 | 数据来源于田野调查的地区 |

续表

| 小项 | 备注 |
|---|---|
| 生态性 | 介绍其生态特性与生态价值 |
| 功能性 | 介绍其功能特性与功能价值 |
| 经济性 | 介绍其经济特性与经济价值 |
| 美学性 | 介绍其美学特性与美学价值 |
| 社会性 | 介绍其社会特性与社会价值 |
| 动物单体图片 | 图片展示 |

## 3. 生产活动

共计10种，每种包含5个小项主要介绍活动时间与主要活动内容（表3.7）。

数据库——生产活动小项

表3.7

| 小项 | 备注 |
|---|---|
| 活动名称 | — |
| 活动类型 | 按照农耕活动/庆祝活动两大类型进行分类 |
| 活动时间 | — |
| 活动介绍 | — |
| 活动图片 | 举办活动时的图片展示 |

## 4. 生产工具

共计8种，每种包含5个小项主要介绍工具特点与用途（表3.8）。

数据库——生产工具小项

表3.8

| 小项 | 备注 |
|---|---|
| 工具名称 | — |
| 工具类型 | 按照农耕工具/运输工具/灌溉工具三大类型进行分类 |
| 工具介绍 | — |
| 工具用途 | — |
| 工具图片 | 图片展示 |

综上所述，数据库的前端信息收集阶段，通过文献检索、田野调查与专家农民遴选最终组成数据库的数据样本。通过定量与定性的结合，确保样本的准确性、多样性、可操作性，为后续计算机程序搭建打下良好基础。

# 第 4 节　数据库管理系统开发

## 一、系统概述

本系统是一个用于管理、使用与维护生产性景观生物的数据管理软件系统。用户可以通过本系统实现管理、使用和维护生产性景观生物的信息数据库。数据库系统收集地域性景观生物资源样本，包括它们的种类、分布情况、形态特征、美学价值、生态价值、经济价值、社会价值、文化寓意、特殊功能、各生长时期图片等因素。本系统采用基于云服务的数据库 + 本地数据库技术，可以有效地提高数据的安全性和可靠性，同时也方便了用户的操作和管理。

## 二、系统设计

### 1. 系统架构

生产性景观生物数据管理系统本系统采用了三层架构，分别是前端、后端和数据库。前端采用了 ASPX、JavaScript 等技术，采用 B/S 架构，用于实现用户界面的设计和交互。后端采用了 C 语言 .NET 框架，用于实现系统的业务逻辑和数据处理。数据库采用 MySQL 数据库，用于存储景观生物的信息。

（1）客户端

使用浏览器作为客户端，通过 HTTP 协议与云端服务器进行通信，同时支持通过移动端与电脑端对系统的访问。

（2）数据服务器

阿里云数据服务器、本地数据服务器，提供数据库管理和数据处理功能。

（3）数据库

使用关系型数据库 MYSQL，存储生产性景观生物的相关数据。

（4）Web 服务器：阿里云服务器，使用 .NET/ASP 技术开发，提供 Web 应用程序的发布和访问。

### 2. 设计开发工具

本系统软件采用 Microsoft Visual Studio Community 2019 作为设计开发工具，版本 16.11.25（图 3.2）。Visual Studio Community 2019 是一款由微软官方推出的专业化 VS 编程开发工具，是一个基本完整的开发工具集，目前最流行的 Windows 平台应用程序的集成开发环境，它包括了整个软件生命周期中所需要的大部分工具，如 UML 工具、代码管控工具、集成开发环境（IDE）等。所写的目标代码适用于微软支持的所有平台，包括 Microsoft Windows、Windows Mobile、Windows CE、NET Framework、NET Compact Framework 和 Microsoft Silverlight 及 Windows Phone。Visual Studio 是除了大多数 IDE 提供的标准编辑器和调试器之外，还包括编译器、代码完成工具、图形设计器和许多其他功能，以简化软件开发过程，能够适用于 Android、iOS、Windows、Web、云开发等（图 3.3，图 3.4）。

图 3.2　开发工具软件信息

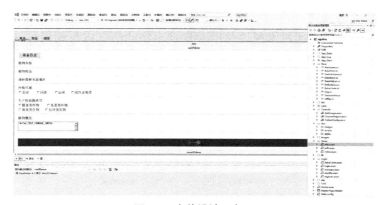

图 3.3　窗体设计示意图

图 3.4　代码设计示意图

## 三、系统基本功能

### 1. 数据录入模块

用户可以通过本模块将筛选的生产性景观生物的信息录入数据库系统中，这里主要是指各类可以种植的农作物，包括植物名称、植物形态、数据来源地、种植区域、植物类型、植物概况描述、套种搭配（包括文化寓意、功能、色彩变化）、植物图片（单体照片、果实特写、花期效果、播种效果、小片种植效果、大片种植效果，图片要求大小不能超过 5M，JPG 格式）等，单击新增按钮进入图 3.5~ 图 3.7 页面。此功能需要用户登录，并且具有相应权限的用户才可以增加新的信息。

### 2. 数据信息查询与筛选模块

用户可以通过本模块查询景观生物的信息，按指定条件筛选相应植物。用户登录后默认进入该模块或者通过单击查询按钮进入本模块（图 3.8）。本模块可以按植物名进行搜索，如库里有该植物信息则下面列出植物名称、植物类型、植物形态等基本信息，单击 > 查看详细信息（图 3.9），如用户具有修改权限，则单击本页下方的修改键可以进入编辑修改页。单击图 3.8 中筛选键则进入图 3.10 的筛选页面，筛选可以按生态分、经济分、社会分、美学分等不同阈值进行。

### 3. 数据信息修改模块

具有相应权限的用户通过本模块可以对景观生物的信息进行编辑与修改。单击编辑按钮，进入搜索页，找到对应植物信息点击修改按钮进入图 3.11 的修改页面。

### 4. 用户与角色权限管理模块

系统支持多用户访问，可以对用户进行权限管理，确保数据的安全性。本模块可以进行用户注册、用户登录等操作，超级用户可以对用户进行管理，包括用户的权限设置、密

图 3.5　新增作物信息页面 1　　图 3.6　新增作物信息　　图 3.7　新增作物信息　　图 3.8　查询模块首页
　　　　　　　　　　　　　　　　　　　　　页面 2　　　　　　　　　　页面 3

码重置等。新用户单击右上角的注册按钮可进入新用户注册页面。仅查询信息不需要用户注册。用户角色分为超级用户、管理员、普通用户等，进入系统首先进行登录（图 3.12）。新用户单击注册进入用户注册页。单击修改密码进入密码修改页。登录成功后，不同权限的用户返回显示的信息有所不同，可进行的操作页不同，图 3.13 超级用户返回页面，图 3.14 管理员用户返回页面。单击修改用户信息按钮进入用户管理页面（图 3.15），单击对应用户右侧的 > 可进行该用户角色权限设置与密码重置操作（图 3.16）。

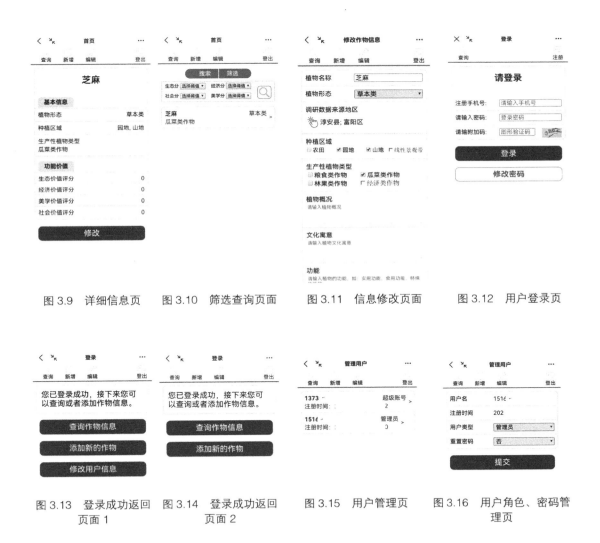

图 3.9　详细信息页　　图 3.10　筛选查询页面　　图 3.11　信息修改页面　　图 3.12　用户登录页

图 3.13　登录成功返回　　图 3.14　登录成功返回　　图 3.15　用户管理页　　图 3.16　用户角色、密码管
　　　　　页面 1　　　　　　　　　页面 2　　　　　　　　　　　　　　　　　　　　　　理页

### 5. 数据存储与备份

本系统数据存储云端数服务器和本地数据服务器。本地数据服务器为一大容量专用服务器，用于备份云端数据，数据采用定期备份策略，可以保证数据的安全性和完整性。

## 四、系统使用与维护

### 1. 系统安装

（1）硬件要求：本系统可以部署在最新 Windows 操作系统的服务器上，可以部署在云端服务器或本地服务器，配备足够的内存和硬盘空间。

（2）软件要求：服务器操作系统 Windows Server 2012 R 及以上版本，安装 MySQL 数据库管理软件 .NET 框架。

（3）安装步骤：安装数据库管理软件：根据 MySQL 数据库管理软件的安装说明进行安装。安装景观生物数据库管理系统：将所有项目文件复制到指定目录。配置数据库连接：在系统的配置文件中配置数据库连接信息，包括数据库名称、用户名、密码等。

### 2. 系统操作

本系统界面友好、使用简单，用户只需要通过电脑或者手机浏览器访问本系统的网址，然后按照提示进行操作即可，不需特殊培训。

### 3. 系统维护

本系统已在开发完成后进行了严格的测试，包括功能测试、性能测试、安全测试等，具有良好的性能和稳定性。本系统需要定期进行维护，以保证系统的正常运行和数据的安全性。系统维护主要是数据库的备份与恢复、用户管理等工作。

### 4. 注意事项

本系统仅限于生产性景观生物数据库的科学研究，部分数据、图片来源于网络、其他出版物等，数据不得用于其他用途。用户应妥善保管自己的用户名和密码，不得泄露给他人，密码不得使用弱密码，密码要定期修改。管理人员应定期备份数据，做好本地数据与云端数据的同步，以防数据丢失。用户应遵守相关法律法规，不得利用本系统从事非法活动。

## 参考文献

[1] 萨师煊，王珊 . 数据库设计的理论和实践 [J]. 计算机应用与软件，1984（04）：1~9，33.

[2] 张朝芳，章绍尧 . 浙江植物志 [M]. 杭州：浙江科学技术出版社 . 1993.

[3] 李根有 . 浙江植物志（新编）[M]. 杭州：浙江科学技术出版社 . 2021.

[4] 浙江动物志编辑委员会 . 浙江动物志 [M]. 杭州：浙江科学技术出版社 . 1989~1991（系列丛书）.

[5] 宋继华 . 浅析生产性景观中植物的应用 [D]. 杭州：浙江大学，2015.

[6] 涂海英 . 杭州生产性植物景观评价与优化设计 [D]. 杭州：浙江农林大学，2015.

[7] 李成林 . 杭州西湖区农业生产性景观研究 [D]. 杭州：浙江农林大学，2018.

[8] 徐德嘉 . 古典园林植物景观配置 [M]. 北京：中国环境科学出版社 . 1997.

# 第 4 章

# 乡村生产性景观评价体系构建

## 第 1 节　生产性景观评价相关理论基础

乡村生产性景观评价体系是针对乡村生产性景观营造而建立的一套评价标准，评价指标可用于判断某地区的生产性景观系统是否有利于实现乡村振兴和大花园建设。[1, 2, 3]其中的乡村生产性景观评价指标是需要建立在景观营造原则之上。景观营造通常以景观美学原理和景观生态学理论为理论支撑，以营造良好人居环境为目的，应用多学科理论，对景观地理环境的各种景观要素进行整体规划与设计。[3]但由于乡村建设中对景观的重视较晚，当前还处于发展初期，景观营造并没有现成的针对乡村的理论可循，由此，本书参考借鉴成熟的景观美学原理和景观生态学理论，同时进行有别于城市所特有的乡村空间属性研究[2]，从美学、生态、空间三方面综合构建乡村生产性景观评价体系的理论研究基础。

## 一、景观美学原理

自党的十八大提出"美丽中国"建设以后，我国发展建设就不仅关注经济发展，也逐步关注到发展中的形态美与健康。目前我国对于生态环境的保护目标以及相关政策的制定，多数都只是进行技术性的研究，忽略了景观审美的重要性。[4]景观不仅是一种功能性物质存在，也是具有审美价值的物质表达。景观即艺术品，即使最具有人工特征的花园，在某种程度上也是设计者根据自己的审美标准控制自然现象而组合成的典型艺术。景观美学的范围包括自然景观、人工景观和人文景观的自然美学成因、装饰美学的方法与途径。不论是哪种景观类型都需要符合人类审美规则，都是基于对人类精神的需要，体现出景观的天然性、稀缺性、和谐性和多彩性。

景观美学是美学的一个分支，并和地理学、生物学、建筑学、生态学、民俗学、心理学等学科领域交叉，是一门综合性应用学科。[5]吴家骅认为"景观设计是追求人与自然的变化与控制，探寻新与老之间的平衡点，追求现实生活平衡的一种环境艺术"。[6]Antrop 提出，大多数人所知的景观正向美学评价特征有：合适的空间尺度、景观结构的适量有序化、多样性、变化性、清洁性、安静性、运动性、持续性和自然性等。[7]运用景观美学原理规划设计乡村景观，是一个从感性认识上升到理性认识，再将理性思维付诸实施的过程。[8]景观美学原理指导下的乡村景观营造，除了遵循统一、均衡、韵律、比例、尺度等美学基本构图原则，还要最大限度地维护、加强或重塑乡村景观的形式美。[9]相对于城市景观，乡村景观具有淳朴生态、自然纯净的特性，人工景观充满生气与活力。[10]这种自然与人工相结合所形成的乡村景观，蕴含着别样的美。

景观美学的核心包括3个部分：生物法则、文化规则和个人策略。三者相互融合又相互统一，生物法则制约着文化规则，文化规则又依次制约着个人选择，又或是个人选择被文化所影响随后又导致生物学上的改变。[11]

### 1. 生物法则

景观美学生物法则是一种关于景观设计和环境美学的理论框架，它强调了生物多样性和生态系统的重要性，以提高景观的美学质量。这一理论基于以下核心原则：

（1）生物多样性、丰富性

景观美学生物法则强调了在景观设计中增加生物多样性的重要性。不同种类的植物、动物和微生物可以丰富景观，创造出更加丰富和有趣的生态系统。这种多样性可以通过引入各种植物、野生动物和生态系统服务来实现。

（2）生态平衡

生物法则倡导在景观中维护生态平衡。这意味着要确保不引入外来物种或作出干预，以防止破坏原有的生态系统。生态平衡有助于维持景观的稳定性和可持续性。

（3）生态功能

景观应该具有生态功能，这意味着景观元素应该为生态系统提供有益的服务。例如，湿地景观可以净化水源，森林景观可以吸收二氧化碳，提供氧气。这些功能增强了景观的生态可持续性。

（4）生态复原力

景观应该具备生态复原力，即能够适应自然灾害和气候变化等压力。具有高生态复原力的景观能够更好地应对环境挑战，保持其美学价值。

（5）文化和生态共生

景观美学生物法则认为文化和生态可以共存。通过融合当地文化和生态系统，设计出符合地方特色和生态原则的景观，可以实现文化传承和生态保护的双赢。

这些法则强调了景观设计中的生态因素，旨在创造出既美观又有益于环境的景观。生物法则不仅关注景观的外观，还强调了景观与生态系统之间的相互关系，以实现可持续性和生态平衡。这一理论框架在当今的景观设计和环境规划中得到广泛应用，有助于创建更加可持续和生态友好的景观。

### 2. 文化规则

人类景观的审美偏好实际是由文化偏好所决定的。审美行为的文化根源在于它以语言及其他手段来实现自己的社会特征并得以传承。审美反应是感官通过针对周边环境的辨别反应所构成的。地区文化具有同一性和稳定性，所以地区人群的审美反应也具有稳定性。但是根据人群年龄性别的不同文化规则也具有多样性，所以不同的群体也会导致不同的审美价值。景观美学文化法则强调了文化、历史和社会因素对景观的影响和重要性，核心原则包括：

（1）尊重文化遗产

景观美学文化法则强调了对文化遗产的尊重。这包括保护和保留与景观相关的历史建筑、传统文化元素和文化景点。景观设计应该与当地的文化传统相协调，以维护和传承文化遗产。

（2）文化多样性

文化法则鼓励在景观设计中反映不同文化的多样性。这可以通过集成不同文化的设计元素、艺术作品、庆祝活动等方式实现。景观应该反映社区的多元文化和价值观。

（3）历史感和连续性

景观设计应该考虑到历史的连续性。这意味着设计师应该了解和尊重地方历史，确保新的景观元素与过去的景观相互衔接。这有助于建立历史感和文化认同感。

（4）社会互动和参与

景观设计应该鼓励社会互动和参与。这包括为社区创造共享空间，以促进人们之间的互动和社交。社区参与可以帮助设计更符合当地需求和文化的景观。

（5）文化表达和创新

文化法则支持景观设计中的文化表达和创新。设计师可以通过艺术和文化元素来表达独特的文化特征，并创新性地将传统文化元素融入现代景观中。

（6）教育和启发

景观设计可以用来教育和启发大众。通过景观中的信息展示、纪念碑和艺术作品，可以传达历史、文化和社会故事，提供教育机会。

（7）可持续性和生态和谐

强调文化的同时，文化法则也强调了可持续性和生态和谐。景观设计应该与自然环境相协调，以保护生态系统并促进可持续发展。

这些法则强调了文化因素在景观设计中的重要性，旨在创造既具有文化深度又美观且可持续的景观。景观美学文化法则有助于保护和传承文化遗产，促进社会互动和参与，同时还提供了美学和功能性的景观设计。这一理论框架在全球范围内的景观设计和城市规划中得到广泛应用。

### 3. 个人策略

景观美学个人策略是指个体在欣赏、设计或与景观互动时所采用的个人方法和取向。这些策略可以影响一个人对景观的感知、评价和参与。景观美学个人策略包括：

（1）审美敏感性

一些人天生对美非常敏感，他们能够快速而深刻地感知和欣赏景观中的美。这种能力通常与艺术、设计或美学教育有关。

（2）情感连接

个人的情感和情感状态可以影响他们对景观的感受。例如，一个人可能会因为某个景点与特定的情感记忆联系在一起而对其产生特殊的情感。

（3）文化背景

每个人的文化背景和价值观都不同，这会影响他们对景观的美学观点。不同文化的人可能对不同类型的景观有不同的偏好。

（4）知识和教育

个人的知识水平和教育背景可以影响他们对景观的理解和欣赏。有一定专业知识的人可能更能够理解景观的设计原则和历史背景。

（5）互动方式

个人可以通过不同的方式与景观互动，例如观察、摄影、绘画、户外活动等。不同的互动方式可以帮助个人更深入地探索景观之美。

（6）独立思考

一些人喜欢独立思考和评价景观，而另一些人可能受到他人意见的影响。

（7）情感反应

景观美学也与情感反应有关。某些景观可能引发愉悦、平静或兴奋等情感反应，这会影响个人对其美的感知。

（8）可持续性关注

一些人可能更关注景观的可持续性和生态因素，他们可能会更加欣赏与自然和生态系统协调的景观。

（9）社会参与

参与社交活动、文化活动或公共互动的个人可能更容易与社区景观产生联系，并对其美学产生兴趣。

这些景观美学个人策略是多种因素的综合体现，包括个人特质、教育、文化和情感。不同的人可能会在不同的时间和情境下采用不同的策略来感知和欣赏景观。这些策略丰富了人们对景观美的理解和体验。

景观是一种作用于公众的艺术形式，它会更有社会依赖性，所以在进行个人创造之下的景观设计时，要充分考虑公众对设计的控制力，既要保护对象与环境共生共长，也要为创新的建设方式提供机遇。景观美学在精神层次上形成了缓解人类压力、达成一种视觉享受的功能，无论是视觉形象的感受、身体物理的感知还是精神层面的体会，都能扩充景观建设的维度。

## 二、景观生态学理论

在全球生态恶化、生物多样性受损的巨大威胁之下，人们已经逐渐意识到人类活动与生物圈结构、功能和稳定性之间的必然联系。而景观作为建立在生态环境之上的设计途径，其包括了生态资源、环境、人类活动种种方面，在人与生态之间也形成了一种尺度协调作用。景观生态学通过关注宏观尺度上的人类活动与资源活动之间的相互关系，以人与自然协调发展为指导思想研究景观格局动态。

景观生态学是现代生态学的一个分支，源于对大尺度生态环境问题的重视。[12] 主要研究景观系统的整体性与异质性、格局过程关系、尺度分析、景观结构镶嵌性以及景观演化的人类主导性等，保障高质量的景观环境，是景观规划设计的基本原则。[13] 联合国千年生态评估报告指出，生态系统服务包括 4 种 23 类：①供给服务（食物、淡水、燃料、纤维、基因资源、生化药剂）；②调节服务（气候调节、水文调节、疾病控制、水净化、授粉）；③文化服务（精神与宗教价值、故土情节、文化遗产、审美、教育、激励、娱乐与生态旅游）；④支持服务（土壤形成、养分循环、初级生产、制造氧气、提供栖息地）。

景观生态学主要包含四个方面的内容：景观结构、景观功能、景观动态、景观规划与管理。无论是微观尺度的景观组成还是宏观的景观规划理论，都会对生产性景观的人——生态和谐共处起到促进作用。

**1. 景观结构**

景观结构是指景观组成要素的类型、数量、大小、形状及其在空间上的组合。主要有 3 种：斑块、廊道和本底，代表着构成景观的基本单元（图 4.1）。在景观设计中利用点 - 线 - 面的手法串联景观要素，协调廊道、生态斑块及缓冲的相互作用，才能有效地影响生态过程，在生物保护的基础上营造景观。通过对关键性景观局部、位置和空间的控制，景观结构的布置充分考虑其敏感度、柔韧性，在建设中形成综合整体的生态圈层，保证生态过程的安全与健康。

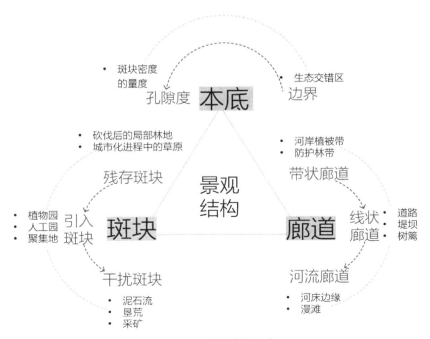

图 4.1　景观结构组成

## 2. 景观功能

各种景观因子之间相互影响，景观因子内部的能量和物质相互流动，共同组成景观过程中的重要功能。这些功能要素不仅能发挥景观的物质作用，也对生态恢复起到了一定的促进作用。主要包括生产功能、生态功能、美学功能、文化功能（图4.2）。自然景观的第一生产性为生态系统提供初级生产物质，体现出其生产生态价值。人工景观经过人类更新及提升，保留了人类活动的遗迹，反映了景观当地的经济、精神、伦理和美学价值观。

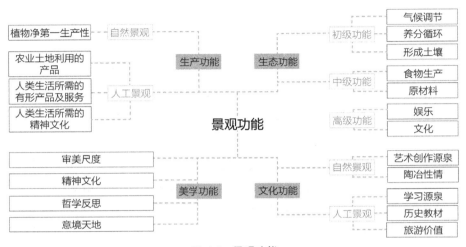

图 4.2　景观功能

## 3. 景观动态

景观动态是指随着时间的变化，景观也会改变并表现出一定的动态规律。使其改变的动力既来自于内部多要素的相互作用，也来自景观外部的干扰，景观的建设是一个动态过程。引起景观变化的有自然驱动力，也有人为驱动因子，不同强度的干扰产生不同的景观效果。对景观动态的追踪要把握景观变化的时空尺度，以及深刻解读人为活动对景观的影响，才能够在景观生态化的建设过程中，有效提升景观体系的总体生产能力与稳定性。

## 4. 景观规划与管理

景观生态规划通过深入地研究人类活动与景观之间的相互影响，在对景观生态进行分析、综合和评价的理论依据基础上，提出了景观最优化利用的解决方案。[14] 在景观生态规划中不仅要注意与自然协调，还应该考虑当下社会文化的发展趋势。秉承生态可持续发展原则与资源可持续利用原则，维护生态系统的持续再生性、健康和稳定性，减少会带来不利影响的生态决策。

景观生态学理论指导下的乡村景观营造，应合理进行乡村生态功能布局，考虑生物系统的多样性和复杂性，通过合理规划和布局不同生态功能区域，如湿地、森林、农田和水体等，实现生态系统的多样性，并促进物种多样性和生态平衡。这有助于维护生态系统的稳定性，提供生态服务，如水资源管理、空气净化和土壤保护，从而改善乡村环境质量。

实现乡村景观的良性循环，[15] 既能适应乡村地方特色、又能合理协调人与自然和谐关系，提升乡村景观环境质量，为人们创造高效、健康、优美的乡村环境。[16]

## 三、乡村空间属性研究

乡村空间属性研究始于并集中于建筑、规划、景观等领域，多指村落内由自然环境要素、建（构）筑物、道路、广场、绿化等共同界定与围合而成的空间，[17] 包括宏观（反映村落人工与自然关系的整体空间，如：山 – 水 – 田 – 村 – 巷 – 宅等）、中观（反映社会关系的公共交往空间，如：村口、凉亭、树下、祠堂及其前广场等）和微观（反映家庭关系的民居私有空间，如：庭院、天井、堂屋、居室等）三个层次。[18] 涉及乡村地理、社会科学、规划和环境科学等多领域的交叉研究。该领域关注的是乡村地区的空间特征、组织结构、功能分布以及与社会、文化和自然环境之间的相互关系。社会学认为空间决定人类活动的可能性和限度性，社会关系和社会结构在空间系统展开，空间形式的改变会影响人的观念和行为。[19]

从早期凯文·林奇的空间五要素、扬·盖尔的空间三活动、芦原义信的空间秩序，到现代空间研究理论（人地关系；生活体验场所；社会、经济、文化、历史的物质载体），都从空间的要素、形态、结构三个维度，为空间的规划布局和设计提供了指导思路。[20] 当前乡村空间属性研究主要分布在以下几方面：

### 1. 乡村空间结构和布局

乡村空间的结构和布局是乡村空间属性研究的核心。许多研究关注了乡村聚落的分布、连通性和地理特征。例如，Tian 等（2017）通过 GIS 技术分析了中国乡村聚落的分布格局，强调了城市扩张对乡村空间结构的影响。[21]

### 2. 土地利用和土地变化

乡村土地利用和土地变化研究关注了农田、林地、建筑用地和自然保护区等土地类型的分布和演变。这方面的研究有助于理解土地资源的可持续利用。[22]

### 3. 社会空间

社会空间集中研究乡村社区的组织结构、社交网络和文化特征，分析村庄、家庭和居民之间的空间关系，了解社会活动在乡村空间中的体现。[23]

### 4. 乡村发展策略

制定乡村发展战略和规划，以优化乡村空间利用，提高农业生产效率，促进农村旅游和文化传承等。研究可持续发展原则在乡村规划中的应用。[24]

### 5. 政策和治理

分析政府政策对乡村空间的影响，包括土地政策、农业政策、环保政策等。研究乡村治理机制和参与模式，以促进可持续的乡村发展。

### 6. 数字技术和地理信息系统（GIS）

运用现代技术如卫星遥感、地理信息系统和无人机技术，对乡村空间进行精确测量和分析，提供决策支持和空间规划工具。[25]

乡村空间属性研究的重要性在于它有助于更好地理解和管理乡村地区的资源、环境和社会系统。这种综合性的研究有助于制定政策、规划乡村发展，促进乡村振兴战略的实施，同时维护乡村的自然美丽和文化传承，为乡村景观营造提供了理论支持，[26]有助于实现：产业兴旺对乡村产业空间布局的新要求、生态宜居对乡村人居环境的新要求、乡风文明对乡村社会文化空间的新要求，并指导技术层面和社会层面的空间重构。

## 第2节　生产性景观评价指标

本节对乡村生产性景观的评价指标体系进行阐述，这是构建评价体系的关键。生产性景观是一种特殊的生命景观，是人与自然共生共荣的生命景观，蕴含着生命的意味。这种生命来自两方面——显性的景观生物自身的生命和隐性的劳动者朴素的现代生活。前者源于自然，后者源于特定的社会生活。

通过大量阅读并梳理国内外相关文献，分析生产性景观的发展历程和制约因素，初步归纳生产性景观系统有利于乡村振兴和大花园建设可能的影响因素，作为生产性景观系统的特征指标，主要包括生态性、经济性、美学性、社会性、功能性，以及下一层的影响因子，分别如下（图4.3）：

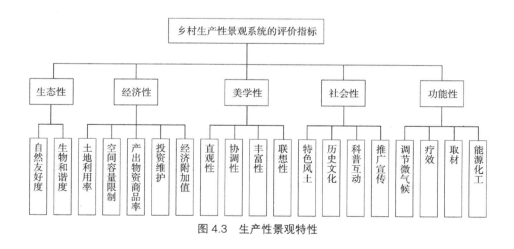

图 4.3　生产性景观特性

## 一、生态性

生态性的评价指标从自然友好度、生物和谐度等两个方面进行综合评价。

生态性是乡村生产性景观形成地域特色所需要遵循的基础。它包含尊重自然和顺应自然，同时以景观生态学理论为支撑。先人们为了取得持续良好的收成，在尊重自然、顺应自然的基础上经营自然，经过长久发展形成了具有地域特色的生产性景观。它增强了乡村景观对自然环境的适应性，并提高了乡村人工生态系统的韧性。乡村生产性景观在受人工限制的同时，需要与自然生态相融合，体现"天人合一"的思想。因此生产性景观的生态性表现在自然友好度和生物和谐度两方面，反映生产性景观和其生境之间相互适应、平衡、破坏、调节、修复的程度。

### 1. 自然友好度

自然友好度反映乡村生产性景观对生境的耐受性和抗逆性、释放物质的成分对自然环境的影响、植物根系的固土能力和截流能力、对地质稳定性的影响、生态修复能力以及当地对于其生物的相关应用（如利用当地生物建造）等方面。

### 2. 生物和谐度

生物和谐度体现在当地的生态系统与生物种类在其新生或引进物种时，对当地的生物的多样性、群落的共生性、系统的稳定性、整体的安全性、连通性等方面没有或较小造成冲击。

总之，自然友好度指标衡量体现乡村生产性景观对自然环境的影响程度，生物和谐度指标衡量体现乡村生产性景观对生物物种、群落等的影响。两者共同组成了生态性所需要适应的两大方面。

## 二、经济性

经济性的评价指标从土地利用率、空间容量限制、产品物资商品率、投资维护、经济附加值等五个方面进行综合评价。

千百年来，出于生计和地理区位等因素的考虑，先人们靠山吃山、靠水吃水的生活模式根深蒂固。经过长久发展，人们在经济收入和乡村景观资源保护与发展中寻求平衡点，一方面要主动地欣赏和适应乡村自然风貌，另一方面又要能动地探索利用乡村资源，为生产生活提供服务的价值。在合理的保护和利用策略下，人们有序地利用自然资源创收，以满足物质交换的需求。因此生产性景观的经济性主要表现在土地利用率、空间容量限制、产出物资商品率、投资维护、经济附加值五个方面，反映生产性景观在消费性社会的今天，其资源价值的提升、转化、增值的程度。

### 1. 土地利用率

土地利用率反映在乡村生产空间进行分层利用的总产出成果。包括实现经济最大化的程度：合理利用土地空间布置生产性景观，充分组合利用上中下层空间种植；实现生产规划合理的程度：田间作业道路、田垄水渠与农田分布关系合理等；实现高效产出的程度：一般性农田的生产率高，低投入高收益等。

### 2. 空间容量限制

空间容量限制体现在对乡村生产性景观进行内部分配，栽培合理，经济收益最大化，自然采光、土地资源配置合理，以及外部分配，旅游资源合理分配，人员有序无破坏。交通等基础设施容量合理布局、公厕、停车、商业等公共服务设施容量有效规划等方面。

### 3. 产出物资商品率

生产性景观立足于生产，本质上是基于农业生产活动和生产资料的再开发。产出物资商品率可以体现在对乡村生产性景观进行交叉种植，提高生产资料多样性，实现收益多元化。在较为开阔的平地上，将种类不同、成熟季节相同的农作物交叉种植，形成不同的种植板块，提高种植商品的产量、种类，提高商品转化率，同时革新传统农业模式，融入生态与新型农业的理念，形成良性循环，更节约乡村景观的建设成本。

### 4. 投资维护

投资维护是乡村生产性景观营造所需要考虑的成本问题。体现在建设投资是否可以结合当地优质的原生材料，合理整合乡土生产性景观资源，降低生产性景观建设成本，与此同时考虑投资所得到的回报。首先，养护管理依据地区经济条件，选择合适的乡土树种进行栽植；其次，景观在规划设计过程中遵循自然规律，利用大自然的自我修复功能，适当减少养护管理费用开支。

### 5. 经济附加值

经济附加值体现在村民在庭院中种植开花结果的果木或蔬菜等带有观赏性的经济作物，既可美化庭院环境，又可增加农户的经济收入。同时，结合旅游业、景观规划实现农业景观同休闲、观光等产业相结合，创造更可观的经济效益，也可使游客与该区域之间拥有较高的互动性和参与性。

总之，土地利用率表现在：乡村土地空间的合理利用效率、空间容量分配合理度、资源配置合理程度、产品物资商品率即生产资料转化为商品收益的程度，投资维护即乡村生产性景观营造与当地资源和自然规律契合的程度，经济附加值即旅游等第三产业的产出程度，共同组成了乡村生产性景观经济性所注重的五个方面。

## 三、美学性

美学性的评价指标从直观性、协调性、丰富性、联想性四个方面进行综合评价。

生产性景观不仅具有自身的经济价值，同时也具有美学属性。其美学性一方面可以反映出生产性景观的地域文化特色，另一方面对于建设"美丽乡村"具有积极促进作用，利用植物景观的自身外观美观、植株之美，打造更加绿色、可持续发展的景观生态系统，美化田园景观。生产性景观的美学性主要表现在直观性、协调性、丰富性、联想性四个方面。

### 1. 直观性

直观性体现在乡村生产性景观适应环境，根据当地自然环境情况，制订合理的植被面积，避免出现园区过疏或过密而道路无遮阳绿化等情况。在直观感受方面，景观通过人体尺度参数来营造安全舒适感，在植被的色彩形态上予以考虑，给予游客舒适直观的游玩观赏体验。

### 2. 协调性

协调性指在引入多种景观时考虑植被对环境的适应，和自身生长周期对整体景观的作用，合理安排植被种类数量和分布，减少观赏空窗期。构成设计采用"点线面"相结合的设计思路，种植品种多样的蔬菜景观，通过色彩形态来进行分割点缀。

### 3. 丰富性

丰富性体现在乡村生产性景观在营造时，对不同植被的划分，利用蔬菜、花卉等不同的颜色品种进行空间的分割和组合，丰富园区景观。不盲目引进种植外来物种和野生物种，以不打破当地的自然物种平衡为标准，注重因地制宜，呈现多物种并存的景观。

### 4. 联想性

联想性是遵循"一方水土养一方人，一方地域造一方景"的原则，在乡土景观的建设中结合建设地的乡土文化，予人以浓厚乡土气息。同时，为人以自身主观意识出发对景观的联想留出空间，使游客、村民、建造者等景观参与者都能展开思绪，产生情感上的共鸣。

总的来说，直观性注重景观给人直观的感受，协调性注重景观合理安排以及理性设计，丰富性注重景观通过划分组合形成的多物种并存，联想性注重景观所能引起的人们对文化和情感等的联想和共鸣，共同组成了美学性指标的四个维度。

## 四、社会性

社会性的评价指标从特色风土、历史文化、科普互动和推广宣传四个方面进行综合评价。

在生产性景观建设的过程中，必须充分利用好当地的资源，利用资源不仅是指物质资源，还要把当地的地理风貌、历史文化背景等资源纳入建设生产性景观的过程中。当地地理水文条件和乡土植物是凸显生产性景观地域特色的关键因素。影响生产性景观社会性的因素不仅包括当地自身特色，还包括与景观相关的服务内容。因此，生产性景观的社会性主要表现在特色风土、历史文化、科普互动、推广宣传四个方面，反映了生产性景观与社会方面的相互适应、发展的程度（图 4.4）。

### 1. 特色风土

特色风土是在生产性景观建设过程中，保有乡村本土特色，避免过度城市化、商业化，凸显乡民的农事交流、当地居民生产活动和民俗活动。发扬乡村的民俗风情，保护传统技艺和古建筑遗存。

### 2. 历史文化

历史文化是从非物质文化遗产、物质文化遗产、乡村记忆、植物所代表的含义和情感、民族文化的挖掘、整理、传承、保护和发扬等方面进行衡量。要让乡村历史文化借

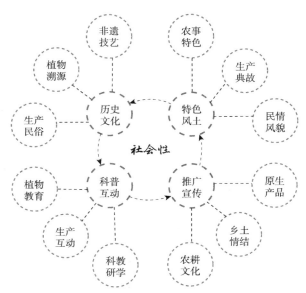

图 4.4　乡村生产性景观社会性评价

助景观、空间实现承传与创新。比如部分植物的特殊寓意造就了其特殊的用途，过年时门上的柏枝，端午时必备的艾叶，清明时的柳条，都是人们在植物中寻求的精神慰藉。

### 3. 科普互动

科普互动一方面是指建设植物教育展示厅，定期举办关于生产性景观的科学讲座，可兴办主题农园，形成教育农园，承载农旅结合的农事参与、教育和 DIY 创意空间等功能。同时这些服务设施可以与植物文化内涵结合进行设计，也可以鼓励当地民众介入和参与生产性景观改造。另一方面是指对村民进行生产性景观的知识普及，让村民以一种更新的方式了解自己的乡村。

### 4. 推广宣传

推广宣传是指利用政府力量、社会力量，结合当地积极的特色历史文化或背景，借助新媒体，利用大数据进行推广。在对当地居民进行生产性景观普及的同时，也对乡村外的人群进行推广，快速开拓市场。

总之，特色风土关注生产性景观对传统民俗和特色的发扬；历史文化注重景观对乡村历史文化的承传与创新；科普互动注重对外进行生产性景观教育和体验，以及对内进行景观知识的普及；推广宣传则关注凭借社会对生产性景观进行推广和开拓市场；以上共同构建了生产性景观所遵循的社会性的四个方面。

## 五、功能性

功能性通过调节微气候、疗效、取材、能源化工等四个方面对生产性景观进行综合评价。

## 1. 调节微气候

调节微气候是指生产性景观调节区域小气候、防止水土流失、净化空气的作用。各要素本身构成生态环境的主体因子，可改善人类生存环境，保持生物多样性，防治自然灾害。也可作用于土壤盐碱或重金属修复处理，以及实现水体净化。

## 2. 疗效

疗效是指生产性景观通过触觉刺激、听觉刺激、视觉刺激、嗅觉刺激以及味觉刺激等方式对人的身心进行舒缓和调节，以及提供药用价值高的"多功能"品种，体现在植物叶、茎、果、根、皮等的医药、保健、护肤、杀菌、食用功能等。同时带来美观视觉感受并以此普及中草药文化，如芍药、金银花、玫瑰花、菊花、牵牛花等。地域土壤的差异性也决定了不同产区植物疗效的多重性和同地区植物疗效的共生性。

## 3. 取材

取材是指生产性景观材料可以作为提炼原材料、雕刻原料，或作为饲料。植物残体经加工可作为家畜家禽提供优质饲料，为昆虫、鸟兽、微生物提供饲养和生活环境以及提供生产生活直接用材。部分植物的叶、茎、籽、实也可作纤维提取等。

## 4. 能源化工

能源化工的功能主要体现在通过植物及其他化学物质混合而得的植物燃料；以水、植物和草木灰为主的植物复合灭火剂；从植物各部分提取的色素作为天然染料，同时具有防虫抗菌的功效；以部分植物（如皂角、首乌、茶籽）为天然成分的洗护原料；从芳香植物中提取的芳香油作为天然香料和制作植物精油的原料；在工业中用来降低摩擦力的植物性润滑剂（如蓖麻油）；在橡胶树树割胶时流出的胶乳经凝固及干燥后得到制作橡胶的原料；针叶、阔叶及草本等多类植物作为造纸的植物纤维原料。

总之，调节微气候指向生产性景观对生态环境的内在调节和修复，疗效指向生产性景观通过感觉以及药用带来的治疗作用，取材指向生产性景观作为生产生活的材料来源，能源化工指向生产性景观在能源方面的作用，以上共同组成了乡村生产性景观功能性的四个方面。

生态性为乡村生产性景观符合地域特色、生态融合以及可持续发展提供了基础，同时也是经济性、美学性、社会性和功能性的前提，只有符合生态性，适应自然环境，才能更好激发价值。经济性是在实现生产性乡村景观资源保护与发展的前提下，探寻经济收入、满足物质交换需求与生产性乡村景观资源保护与发展的平衡点所注重的要素。美学性是乡村生产型景观在自身的经济价值之外，所具备的美学属性，是与经济性并列的要素。社会性是反映生产性景观与社会方面的相互适应、发展的程度。在乡村生产性景观符合生态性，经济性和美学性要求之后，为探索地理地貌、历史文化背景等资源融合进入生产性景观，使其具有人文等多种与社会接轨的价值，所依照的程度标准。功能性是出于人和生活环境需求，所提出的更加实质以及适应现代工业发展的标准。

# 第3节 生产性景观评价方法与问卷设计

## 一、评价方法

### 1. 层次分析法（AHP法）

采用层次分析法（AHP法）和聚类分析，为特征指标及其评价因子进行初步分层。层次分析法简称AHP，是指将与决策总是有关的元素分解成目标、准则、方案等层次，在此基础之上进行定性和定量分析的决策方法。它将一个复杂的多目标决策问题作为一个系统，将目标分解为多个目标或准则，进而分解为多指标（或准则、约束）的若干层次，通过定性指标模糊量化方法算出层次单排序（权数）和总排序，以作为目标（多指标）、多方案优化决策的系统方法。

本研究通过面向村民、游客的公众访谈（百分制问卷）和面向专家、学者、设计者、管理者等相关行业的专家访谈（AHP矩阵问卷）分别进行评价指标权重咨询。通过问卷调查，征求每一对指标对于"是否有利于实现乡村振兴和大花园建设"的重要性对比值。公众组按照百分制进行算术平均值计算；专家组按照矩阵计算并结合各自的熟悉系数进行加权；按照公众组0.75、专家组1.0的加权系数对两组咨询值进行加权，得出各项指标的最终权重。该结果将会既符合专家的专业观点和理性判断，又兼顾公众源自生活体验的真实需求。

根据各项特征指标及其评价因子的权重得分，建立一套综合评价标准，可用于判断某乡村生产性景观系统是否有利于实现乡村振兴和大花园建设。

除了文献研究和乡村建设行业的专家学者意见之外，乡村的原住民、设计者、管理者、游客，对乡村景观的评价指标也同样具有发言权。因此在项目研究实际开展过程中，还将进行公众访谈，斟酌影响因子的增减和分层，完善并最终确定各层评价指标。

各项指标与主体目标的关系有重要性强弱之别，即每个指标应有科学合理的权重值。获得指标权重是评价的关键，它的准确与否直接影响整个评价的正确性和科学性。

### 2. IPA分析法

IPA分析法，是由Martilla和James首先引进的，它通过重要性及其满意度分析法对多种指标进行综合分析。

虽然层次分析法可以得到系统明确的数据分析，简洁实用，但是定性较多，不能令人信服，且当指标较多时数据统计量大，不利于问卷的填写和发放。且层次分析法分析结果单一，同时也缺少分析意见，与本项目并没有那么契合。所以我们最终决定采用IPA分析法进行数据分析。该分析法把重要性和满意度的测量值置于二维象限中，以重要性和满意度的平均值作为交叉点，具体划分为4个区域，即优势区、保持区、改进区和弱势区，该方法不仅高效易懂，而且形象直观。既可以结合重要性和满意度，又可以定性分析并且给出对应的改进建议，在问卷的数据处理上也相较于层次分析法更加严密。

IPA 分析法优点在于其模型直观形象、清晰、易于读者理解等，缺点在于 IPA 分析法的假设前提是重要性与满意度两个维度上的变量相互独立并与受访者的总体感知呈线性相关。然而在现实调查中，受访者的评价一般为主观感受，其重要性评价和满意度评价很难成为互相独立的变量。传统的 IPA 分析法所要求的假设条件一般很难满足，得出的要素象限分布并非总能找到合理的解释。其次，IPA 分析法要求受访者对同一问题需要作出两次判断，当问卷题量较大时，访问时间则成倍增长，访问质量有可能下降。由于传统的 IPA 分析法的局限，因此国内外学者在传统 IPA 分析法的基础上，对该方法进行了优化，如 2007 年邓维兆提出了对 IPA 分析法的修正，对其统计学进行了优化。

IPA 分析法主要用于分析各学科领域的专家对浙江山区乡村现状的满意度，通过数据分析，进而对乡村生产性景观作出科学的综合评价。

## 二、设计问卷

本书围绕新型生产性景观特征指标，结合浙江山区乡村的实际情况，综合考量影响满意度的相关因素，设计出生态性、经济性、美学性、社会性、功能性这 5 个方面共 19 个特征指标，并绘制了生产性景观特征指标图表（表 4.1）。各级指标项皆通过大量阅读并梳理国内外相关文献，分析生产性景观的发展历程和制约因素，初步归纳生产性景观系统是否有利于乡村振兴和大花园建设可能的影响因素而形成，囊括对乡村各个方面的评价，从而形成的一套对乡村生产性景观建设的完整的评价体系。

乡村生产性景观特征指标　　　　　　　　　　　表 4.1

| | | |
|---|---|---|
| 乡村生产性景观特征指标 | 生态性（A） | 自然友好度（A1） |
| | | 生物和谐度（A2） |
| | 经济性（B） | 土地利用率（B1） |
| | | 空间容量限制（B2） |
| | | 产出物资商品率（B3） |
| | | 投资维护（B4） |
| | | 经济附加值（B5） |
| | 美学性（C） | 直观性（C1） |
| | | 协调性（C2） |
| | | 丰富性（C3） |
| | | 联想性（C4） |
| | 社会性（D） | 特色风土（D1） |
| | | 历史文化（D2） |
| | | 科普互动（D3） |
| | | 推广宣传（D4） |

续表

| 乡村生产性景观特征指标 | 功能性（E） | 调节微气候（E1） |
|---|---|---|
| | | 疗效（E2） |
| | | 取材（E3） |
| | | 能源化工（E4） |

　　为保证所构建出的"生产性景观评价体系"的准确性与权威性，问卷调查主要针对相关领域专家进行调研。问卷主要部分基于 IPA 分析方法对各项指标均采用李克特五级量表法，每一项的答案选项相同，分为五个等级，用 1~5 表示，分别对应为"1- 非常不重要（非常不满意）、2- 不重要（不满意）、3- 一般（一般）、4- 重要（满意）、5- 非常重要（非常满意）"。问卷其他部分则是人口统计学调查，主要涉及学科背景、职位或职称、工作单位 3 项指标（IPA 专家咨询调查问卷详见附录 2）。

# 第 4 节　生产性景观评价指标构建

## 一、专家问卷调查

　　针对本次调查，我们邀请到风景园林学、建筑学、城乡规划、生态学、经济学等学科领域的相关专家进行访谈及问卷调查，内容涉及对生产性景观评价体系各项指标的重要性和对现状的满意度的问题。经统计，共收回有效的专家调查问卷 51 份，占调查总数的 100%，问卷经录入后形成初始数据。

### 1. 学科领域

　　本次被访者全为各个领域的专家学者。被访者中风景园林专业的占 54.17%，其次为建筑学专业，占 22.92%，本次调研中唯有电气专业（占 2.08%）的与本次调研相关性不大，其余 97.92% 的专家皆为紧密相关专业（图 4.5）。

### 2. 职称占比

　　从职称来看，有 31.11% 为正高级职称，48.89% 为副高级职称，20% 为中级职称（图 4.6）。

### 3. 工作单位

　　从工作单位上来看，48.98% 的专家来自高校，30.16% 的专家来自研究机构，18.37% 的专家来自相关公司，2.04% 的专家来自主管部门（图 4.7）。

　　被访者的职称、学科背景、工作单位体现本项目经过跨学科、多领域的专家评定，基本上能够反映出各个乡村生产性景观指标的真实满意度和重要性，这为分析各个指标所应投入的关注度提供了良好的数据基础。

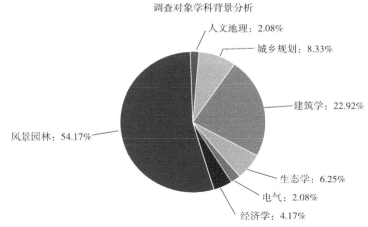

图 4.5　对调查对象学科背景的频数分析

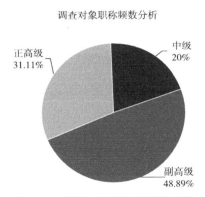

图 4.6　对调查对象职称的频数分析

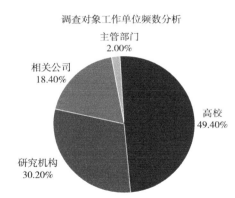

图 4.7　对调查对象工作单位的频数分析

## 二、数据处理

### 1. 数据分析

（1）数据可靠性分析

本研究采用 Cronbach 信度分析，以 Cronbach α 系数为指标对各项指标的信度高低进行判断。该分析分为两个阶段：第一阶段对二级指标项进行信度分析，得到二级指标项各项数据对目前乡村的评价是否合理可信；第二阶段则是对一级指标项进行进度分析，从而得到一级指标项对目前的乡村评价是否合理可信。综合以上两个阶段，得到该评价体系的数据对乡村各指标的重要性和满意度的评价（表 4.2，表 4.3）。

由表 4.2 和表 4.3 可知，二级指标的 Crobach α 系数为 0.990，一级指标的 Crobach α 系数为 0.953，切分析项的 CITC 值均大于 0.4，说明分析项之间具有良好的相关关系；信度系数也均大于 0.9，说明信度水平良好。综上所述数据可信度质量高，可用于进一

对二级指标的 Crobach 信度分析　　　　　　　　　　　　　　　表 4.2

| 名称 | 校正项总计相关性（CITC） | 项已删除的 α 系数 | Cronbach α 系数 |
|---|---|---|---|
| 自然友好度 | 1.000 | 0.988 | |
| 生物和谐度 | 1.000 | 0.988 | |
| 土地利用率 | 1.000 | 0.989 | |
| 空间容量限制 | 1.000 | 0.988 | |
| 产出物资商品率 | 1.000 | 0.988 | |
| 投资维护 | 1.000 | 0.989 | |
| 经济附加值 | 1.000 | 0.989 | |
| 直观性 | 1.000 | 0.988 | |
| 协调性 | 1.000 | 0.988 | |
| 联想性 | 1.000 | 0.990 | 0.990 |
| 特色风土 | 1.000 | 0.988 | |
| 能源化工 | 1.000 | 0.991 | |
| 历史文化 | 1.000 | 0.988 | |
| 丰富性 | 1.000 | 0.988 | |
| 调节微气候 | 1.000 | 0.990 | |
| 科普互动 | 1.000 | 0.988 | |
| 推广宣传 | 1.000 | 0.988 | |
| 取材 | 1.000 | 0.990 | |
| 疗效 | 1.000 | 0.990 | |

注：标准化 Cronbach α 系数：1.000。

对一级指标的 Crobach 信度分析　　　　　　　　　　　　　　　表 4.3

Cronbach 信度分析

| 名称 | 校正项总计相关性（CITC） | 项已删除的 α 系数 | Cronbach α 系数 |
|---|---|---|---|
| 生态性 | 1.000 | 0.923 | |
| 经济性 | 1.000 | 0.937 | |
| 美学性 | 1.000 | 0.985 | 0.953 |
| 社会性 | 1.000 | 0.923 | |
| 功能性 | 1.000 | 0.919 | |

注：标准化 Cronbach α 系数：1.000。

步数据分析。

（2）IPA 分析

本文共选取了 19 个特征指标对浙江山区满意度进行测量，通过 Excel、SPSS 等对调查问卷中各项相关指标的重要性和满意度数据进行录入整理并绘制点状图，分析得出重要性的总体均值为 3.88，满意度的总体均值为 3.18。因此，重要性与满意度在散点图中的垂直交叉点应位于（3.88，3.18）上，基于此点形成 IPA 的四个象限（图 4.8），第一、二、三、四象限分别包含了 7 个、4 个、6 个、2 个观测指标。其中，我们根据散点图的点状分布去除了能源化工和联想性两个特征指标。

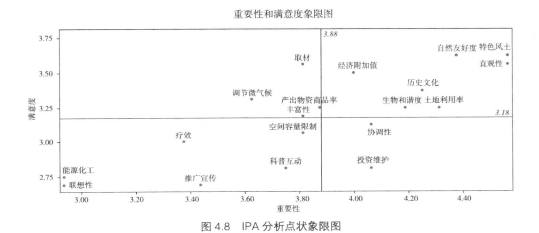

图 4.8　IPA 分析点状象限图

第一象限（优势区）：IPA 定位模型显示，有 7 项观测指标位于第一象限优势区，分别为经济附加值、历史文化、生物和谐度、土地利用率、自然友好度、特色风土、直观性。根据 IPA 的分析原理，可解释为专家总体对于浙江山区的这些生产性景观很重视，并且对于现阶段而言，大多数人对此都是持满意态度的。因此，这 7 项指标是浙江山区的重点优势所在，需要重点投入。

第二象限（保持区）：IPA 定位模型显示，有 4 项观测指标位于第二象限保持区，分别为丰富性、取材、调节微气候、产出物资商品率。根据 IPA 的分析原理，可解释为专家认为浙江山区的这四项指标相比于第一象限的来说并不是那么重要，但是他们对于这 4 项指标的实际满意度要高出期望值。因此，这 4 项指标是提高人们满意度的积极因素，可以继续保持。

第三象限（改进区）：IPA 定位模型显示，有 6 项观测指标位于第三象限改进区，分别为疗效、推广宣传、联想性、科普互动、空间容量限制、能源化工。根据 IPA 的分析原理，可解释为人们对于这 6 项指标的重视性和满意度都普遍偏低。因此，这 6 项指标应该是浙江山区在未来发展过程中需要逐渐改善的内容，也不宜在当前投入过多的精力与资金。

第四象限（弱势区）：IPA 定位模型显示，有 2 项观测指标位于第四象限弱势区，分别为协调性、投资维护。根据 IPA 的分析原理，可解释为各位专家大多对于这 2 项指标都持重视的态度，但亲身体验之后发现，未达到期望值，故表现出较低的满意度，这反映了浙江山区在乡村生产性景观方面存在一定的问题。因此，这 2 项指标是未来浙江山区需要重点解决的问题。因为整体满意度偏低，所以解决起来没那么容易，但也因为其较为重要，所以需要一定的投入去解决。

**2. 计算权重**

基于 IPA 分析法我们可以得到重要性—满意度散点图，基于该散点图对其进行回归分析，可以得出各项指标的满意度和重要性呈正相关趋势，说明重要性和满意度之间存在较大相关性，这与 IPA 分析法的初衷（通过两个独立变量来优化指标）不符（图 4.9）。

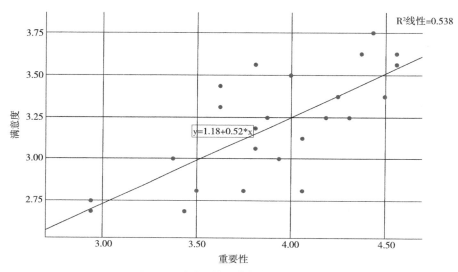

图 4.9 对重要性和满意度的回归分析

在进行初步判断后，本研究利用 spssau 软件对重要性和满意度进行相关性分析，从而得出两组定量数据之间的关系情况和关系紧密程度。

从下表可知，利用相关分析去研究满意度和重要性之间的相关关系，使用 Pearson 相关系数去表示相关关系的强弱情况，可知：满意度和重要性之间的相关系数值为 0.751，并呈现出 0.01 水平的显著性，说明满意度和重要性之间有着显著的正相关系，说明各项指标要素存在统计学意义相关（表 4.4）。因此如果使用重要性和满意度两者定量度量指标的优化方向，那么被调研者的满意度必然会受到重要性的影响，从而干扰判断。在这一点上，无法满足 IPA 分析法的两个变量互相独立的前提。基于专家自身所涉及的专业背景，因此在进行问卷填写时会受主观因素的影响，致使满意度和重要性之间会产生一定的相关性。

经分析判断，满意度受重要性影响大，而各个指标的重要性在逻辑上并不受满意度

**对重要性和满意度的相关关系分析** 表 4.4

| Pearson 相关关系 | | |
|---|---|---|
| | | 满意度 |
| 重要性 | 相关系数 | 0.751** |
| | $p$ 值 | 0.000 |

*$p<0.05$ ** $p<0.01$

的影响或受到的影响十分微小。因此在计算权重时，我们仅将重要性作为唯一判断指标通过公式计算权重：

各项指标权重 = 各项指标重要性 / sum（所有指标重要性）

结果如下表（表 4.5）：

**二级指标项权重分析表** 表 4.5

| 二级指标项 | 重要性 | 权重 |
|---|---|---|
| 直观性 | 4.5625 | 6.19% |
| 特色风土 | 4.5625 | 6.19% |
| 自然友好度 | 4.375 | 5.93% |
| 土地利用率 | 4.3125 | 5.85% |
| 历史文化 | 4.25 | 5.76% |
| 生物和谐度 | 4.1875 | 5.68% |
| 协调性 | 4.0625 | 5.51% |
| 投资维护 | 4.0625 | 5.51% |
| 经济附加值 | 4 | 5.42% |
| 产出物资商品率 | 3.875 | 5.25% |
| 取材 | 3.8125 | 5.17% |
| 空间容量限制 | 3.8125 | 5.17% |
| 丰富性 | 3.8125 | 5.17% |
| 科普互动 | 3.75 | 5.08% |
| 调节微气候 | 3.625 | 4.92% |
| 推广宣传 | 3.4375 | 4.66% |
| 疗效 | 3.375 | 4.58% |
| 能源化工 | 2.9375 | 3.98% |
| 联想性 | 2.9375 | 3.98% |

由该表可以得到各个二级指标项所对应的一级指标项的权重分析表（表 4.6）

一级指标项权重分析表　　　　　　　　　　　　　表 4.6

| 一级指标项 | 权重 |
|---|---|
| 生态性 | 21.87% |
| 经济性 | 20.50% |
| 美学性 | 19.64% |
| 社会性 | 20.43% |
| 功能性 | 17.56% |

通过对乡村生产性景观的满意度进行调查。发现受访者对乡村生产性景观指标满意度的评价最高的是以下 11 个指标：自然友好度、生态和谐度、土地利用率、产出物资商品率、经济附加值、直观性、丰富性、特色风土、历史文化、调节微气候、取材。

受访者对投资维护的评价较高，但满意度较低。因此，在建设美丽乡村过程中应对乡村后期投资维护进行提升管理。

受访者对自然友好度、特色风土、生物和谐度、土地利用率、经济附加值、直观性、历史文化这七项指标的评价较好，同时其重要性也较强，因此，在进行美丽乡村建设过程中，需要对这几项进行保持。

## 三、结论与建议

### 1. 生态优先

从分析结果中可以看出，自然友好度、生物和谐度等特征指标都位于 IPA 分析图第一象限，且权重占比靠前，受到了较多的重视。人与自然和谐共生、促进区域均衡发展是浙江山区发展的关键所在。乡村景观建设和可持续发展应依托于对自然的尊重和保护以及对自然生态过程的维护。无论从区域角度或乡村自身发展的角度来看，浙江山区的发展都需要高度重视其生态价值。浙江山区在优化中可以首先研究建设的生态适宜性，优先对自然景观资源进行有效保护，并在乡村景观优化中注重维系自然景观的过程及功能，从而得到适应自然的乡村景观系统。

### 2. 以人为本

从分析结果中可以看出，功能性、协调性、社会性的满意度都不高，还有待加强。乡村建设的最终目的是为乡民提供不亚于城市的生产和生活条件，乡村生产性景观的发展还应该顾及景观美学和环境舒适性。浙江山区乡村生产性景观的优化应满足人们生活舒适、健康和便利的需求，符合乡民的生产生活方式，保证人居环境的安全、舒适、便捷，并与外部环境相协调，使人们同时得到物质和精神需求的双重满足。因此以人为本，优化乡村人居环境、提高生活质量是浙江山区乡村生产性景观优化的重要原则之一。

### 3. 文化传承

从 IPA 分析结果中可以看出，特色风土、历史文化都处于第一象限，且权重占比较前。浙江山区地理位置优越，拥有优美的自然风景资源和丰富的历史文化底蕴。乡村景观建设的目的不是将乡村变为城市，而是应该体现乡村环境的特殊性，展现乡村环境中人与土地、自然紧密结合的关系以及乡村独特的生活方式。因此，可以在浙江山区乡村生产性景观优化中突出对乡村文化的保护与传承，彰显乡村景观的地域性。这不仅可以更好地体现浙江山区乡村景观文化传承的价值，同时可以增强乡村景观的文化内涵，避免同质化发展，提升乡村景观的活力和吸引力，以此推动乡村旅游发展，促进调整乡村经济结构，提升乡村生产性景观的多元价值。

### 4. 强化优势均衡发展

对于乡村生产性景观现状综合评价，一般的乡村应在现有基础上，以优势资源为特色发展方向，突出体现资源特色，并与相关产业结合，提高乡村景观的经济价值。对满意度低的存在问题的景观要素进行重点改善，使乡村景观均衡发展。

### 5. 依托优势创新发展

对于乡村景观现状综合评价较好的村落，在改善现有问题的同时，应注重依托现有发展的优势，探索创新发展之路，打造新时代的乡村景观文化。乡村景观的发展为现代文化的产生和传统文化的延续提供了良好基础，也为乡土文化注入新内涵并提供了前提。现状评价较好的乡村景观具备这样的基础和资源优势，可发展文化创新型乡村景观。

乡村生产性景观评价体系的建立，有助于精确度量乡村景观现状，考量和筛选乡村景观设计方案，增加决策科学性，便于后续工作展开；改善人们对乡村景观建设的传统认知，提供成熟的理论指导和实践路径；提高社会各界对乡村生产性景观的重视程度，激励相关研究的进行和实践。生产性景观的建设是美丽乡村建设过程中不可忽视的一环。完善评价体系的确立，有助于提高乡村人民的自我认知和社会各界对乡村建设的热情，在乡村建设中起到重大作用的同时，帮助城乡平衡发展，展现一个科学、成熟、多元化的城乡景观。

## 第 5 节　生产性景观评价体系应用

### 一、评价体系应用原则

生产性景观评价体系的应用应遵循一系列重要原则，以确保评价的准确性、可靠性和有效性，以及在发展过程中动态变化的适应性。这些原则为决策者、规划师、研究人员和社区提供了指导，有利于保护和提升乡村景观的多重价值。

### 1. 综合性原则

生产性景观评价应该是综合性的，考虑到多个方面的因素。这包括生态、经济、美学、社会和功能等多个维度。乡村景观通常具有多重价值，评价体系应该能够捕捉和反映这些价值，以全面理解景观的特点和问题。

### 2. 适应性原则

乡村生产性景观评价体系根据不同的乡村类型和地理环境进行调整和定制，不同地区的乡村景观特色各异，评价方法应灵活适应这些特点。

### 3. 参与性原则

社区和利益相关者应该积极参与评价过程。他们通常对乡村景观有深入的了解，并可以提供有关景观的重要信息。参与性评价可以提高评价的准确性和社会可接受性。

### 4. 周期性原则

乡村生产性景观评价应该是一个持续的过程，而不是一次性的活动。周期性评价有助于跟踪景观的变化和发展趋势，并及时采取改进措施。

### 5. 实用性原则

乡村生产性景观评价结果应该反馈给决策者和相关从业人员，以指导乡村发展决策和行动，及时根据反馈结果进行发展的动态调整。

### 6. 可比性原则

乡村生产性景观评价体系应具有一定程度的可比性，以便不同地区或时间段的评价结果可以进行比较和分析。这有助于了解不同地区之间的差异和趋势。

### 7. 跨学科原则

在乡村生产性景观评价体系中综合运用多学科知识和方法，包括生态学、经济学、景观设计学、社会学等，以更全面地理解乡村景观。

以上原则共同确保了生产性景观评价体系的科学性、全面性、可持续性和社会参与性，有助于为乡村的可持续发展提供有力的支持和指导。

## 二、评价体系应用保障措施

增加生产性景观评价体系在实践中的可行性需要考虑多方面的因素，包括数据收集、参与度、可视化工具、政策支持等。从源头的数据收集过程中的数据分析和反馈机制，每层的实施过程中需要有不同的保障机制来增加生产性景观评价体系的可行性。

在初期数据收集阶段，在传统的问卷调查和采访评价获得数据的同时，还可以采用地理信息系统（GIS）来支持数据的收集和管理。同时，可与地方政府、研究机构和社区合作，举办研讨会、会议或座谈会，与各方合作，共同制定评价指标和权重。一方面可以评价系统的调查瞄准到更精确的人群中，促进社区居民和利益相关者的参与，他们可以提供有关乡村景观的重要见解。另一方面，针对评价系统落实的行动反馈也可以及时地修订评价体系。

在进行评价工作的过程中，可以为相关人员提供培训，帮助他们理解和应用评价体系，同时制作可视化工具，如地图、图表、模型等，以更容易传达评价结果和建议。未来还可以利用 GIS 来创建交互式地图，将评价数据可视化呈现出来。使评价结果更加清晰易懂，让大众更好理解。

在评价结果发布和反馈落实实践行动的阶段，可以争取当地政府的支持和认可，将生产性景观评价体系纳入乡村发展规划和政策中。利用评价结果为政府提供决策建议，推动政策的制定和实施。同时，选择一些具有代表性的乡村地区，进行评价，并展示成功案例。成功案例可以吸引更多地区采用生产性景观评价体系。

在评价体系不断反馈修订的阶段，建立监测系统，以跟踪景观的变化，并根据需要进行调整，不断优化评价体系，根据实际经验和反馈进行改进。同时，在做好在地性实践的基础上密切关注国际合作，积极与研究机构和专家进行密切的经验分享，学习其他国家和地区的经验，不断改进评价体系。

生产性景观评价体系的应用，对于实现乡村可持续发展、保护生态环境、促进乡村经济、维护景观美学和文化传承、增强社区参与和决策的合法性等方面具有深远的价值和意义。它不仅为决策者提供科学依据，还有助于社会各界更好地理解和经营管理乡村景观，以实现乡村的繁荣和可持续发展。综合部署上述保障措施，生产性景观评价体系可以在实践中更科学地应用，为乡村的可持续发展提供更有利的支持和指导。

## 参考文献

[1] Gottero E, Cassatella C. Landscape Indicators for Rural Development Policies. Application of a Core Set in the Case Study of Piedmont Region. Environmental Impact Assessment Review, 65, 75–85. doi: 10.1016/j.eiar.2017.04.002.

[2] Rega C, Spaziante A. Linking Ecosystem Services to Agri-environmental Schemes through SEA: A Case Study from Northern Italy. Environmental Impact Assessment Review, 40, 47–53. doi: 10.1016/j.eiar.2012.09.002.

[3] van Zanten B T, Verburg P H, Espinosa M, Gomez-y-Paloma S, Galimberti G, Kantelhardt J, ...Viaggi D. European Agricultural Landscapes, Common Agricultural Policy and Ecosystem Services: a Review. Agronomy for Sustainable Development, 34（2）, 309–325. doi: 10.1007/s13593-013-0183-4.

[4] 郑文霞，黄艳. 中国传统农业景观美学及生态机制研究 [J]. 设计，2019，32（1）：38–44.

[5] Frantal B, Maly J, Ourednicek M, Nemeskal J（2016）. Distance Matters. Assessing Socioeconomic Impacts of the Dukovany Nuclear Power Plant in the Czech Republic: Local Perceptions and Statistical Evidence. Moravian Geographical Reports, 24（1）, 2–13. doi: 10.1515/mgr-2016-0001.

[6] 吴家骅. 景观形态学：景观美学比较研究 [M]. 北京：中国建筑工业出版社，1999.

[7] Antrop M. Background Concepts for Integrated Landscape Analysis[J]. Agriculture, Ecosystem and

Environment，2000，77（1）：17–18.

[8] Svobodova K，Sklenicka P，Molnarova K，et al. Does the Composition of Landscape Photographs Affect Visual Preferences？The Rule of the Golden Section and the Position of the Horizon. Journal of Environmental Psychology，38，143–152. doi：10.1016/j.jenvp.2014.01.005.

[9] Langemeyer J，Calcagni F，& Baro F. Mapping the Intangible：Using Geolocated Social Media Data to examine landscape aesthetics. Land Use Policy，77，542–552. doi：10.1016/j.landusepol.2018.05.049.

[10] Walker A J，& Ryan R L. Place Attachment and Landscape Preservation in Rural New England：A Maine Case Study. Landscape and Urban Planning，86（2），141–152. doi：10.1016/j.landurbplan.2008.02.001.

[11] 张超. 当代西方环境审美模式研究 [D]. 山东师范大学，2015.

[12] Van Den Dobbelsteen A，De Wilde S. Space Use Optimisation and Sustainability Environmental Assessment of Space Use Concepts. Journal of Environmental Management，73（2），81–89. doi：10.1016/j.jenvman.2004.06.002.

[13] Nassauer J I. Landscape as Medium and Method for Synthesis in Urban Ecological Design. Landscape and Urban Planning，106（3），221–229. doi：10.1016/j.landurbplan.2012.03.014.

[14] 李静静. 当代中国景观生态规划思想及实践发展流变 [D]. 西安建筑科技大学，2014.

[15] Ge D Z，Zhou G P，Qiao W F，et al. Land Use Transition and Rural Spatial Governance：Mechanism，Framework and Perspectives. Journal of Geographical Sciences，30（8），1325–1340. doi：10.1007/s11442–020–1784–x.

[16] Kobori H. Current Trends in Conservation Education in Japan. Biological Conservation，142（9），1950–1957. doi：10.1016/j.biocon.2009.04.017.

[17] Hu X L，Li H B，Zhang X L，et al. Multi–dimensionality and the Totality of Rural Spatial Restructuring from the Perspective of the Rural Space System：A Case Study of Traditional Villages in the Ancient Huizhou Region，China. Habitat International，94，9.doi：10.1016/j.habitatint.2019.102062.

[18] O'Farrell P J，& Anderson P M L. Sustainable Multifunctional Landscapes：A Review to Implementation. Current Opinion in Environmental Sustainability，2（1–2），59–65.doi：10.1016/j.cosust.2010.02.005.

[19] Ge D Z，Zhou G P，Qiao W F et al. Land Use Transition and Rural Spatial Governance：Mechanism，Framework and Perspectives. Journal of Geographical Sciences，30（8），1325–1340. doi：10.1007/s11442–020–1784–x.

[20] Hruska V. Changing Approaches to the Conceptualisation of Rural Space in Rural Studies. Sociologicky Casopis–Czech Sociological Review，50（4），581–601. Retrieved from <Go to ISI>：//WOS：000342334800004.

[21] Tian Y Li Y，Wang C. Analyzing the Spatial Distribution of Rural Settlements Using GIS and Remote Sensing Technologies：A Case Study of China. Sustainability，9（4），499.

[22] Liu J，Dietz T，Carpenter S R，Alberti M，Folke C，Moran E，... & Taylor W W. Complexity of coupled human and natural systems. Science，317（5844），1513–1516.

[23] Woods M. Rural Geography：Processes，Responses and Experiences in Rural Restructuring. Sage.

[24] Li W，Ma X，& Liu Y. Rural Revitalization through Agricultural Tourism Development in China：A Study of Rural Space Transformation in Songyang County. Sustainability，11（10），2799.

[25] Xie Y，Sha Z，Yu M，et al. Remote Sensing Imagery in Vegetation Mapping：A Review. Journal of Plant Ecology，1（1），9–23.

[26] Ye C，Ma X Y，Gao Y，et al. The Lost Countryside：Spatial Production of Rural Culture in Tangwan Village in Shanghai. Habitat International，98，8. doi：10.1016/j.habitatint.2020.102137.

# 下 篇

　　本篇基于上篇所述的乡村景观普遍问题和浙江山区乡村存在的问题，根据不同的村庄环境、空间类型、功能目标等实际需求，从浙江山区的生产性景观生物数据库选择传统的生产性景观生物，依托村庄特色，挖掘潜在的可转化的生产性景观生物。同时，在浙江山区乡村长期形成的传统景观营造模式基础上，充分挖掘村庄发展的优势资源，抓住契合当前乡村建设的机遇，开发各种类型的生产性景观营造单元。

## 一、四类营造单元内容

### 1. 开发山林营造单元，保障安全性和可持续收益

浙江省山林面积占全省土地面积 70.4%，"绿水青山就是金山银山"的表达就是山林生产性景观的最好写照。山林对于生态系统、人类社会有着多方面的影响，是浙江山区乡村生活的主要空间。因此，山区乡村要对山林空间进行梳理，活化利用好基础生态资源。

### 2. 开发园地和公共绿地营造单元，使其兼具功能性、观赏性和主题性

园地和公共绿地多在村内和村口，往往在视线通廊处或极易到达的重要位置，且权属关系复杂，现状杂乱不堪。因此每个村须整治现有园地和公共绿地，对其进行有效利用和引导，保证村民的功能要求，满足游客的观赏要求，并体现空间的主题文化和场所精神。

### 3. 开发农田营造单元，展现景观的地域性和乡土性

农田是粮食、蔬菜、水果等农产品的重要产地，为粮食安全提供了重要支撑。村外大片农田（含梯田），在确保至少一季粮食的前提下，宜通过轮作或套种，成片或分区种植生产性（如水稻、茶叶）、观赏性（如特色花卉）、特色性（如在功效性、食用性、经济性等方面有明显优势的中药材、养生茶、高山蔬果）农作物或经济作物，并鼓励共生共养模式。既保有了大面积的新型高效有机农业生产基地，又有利于形成村外的第一景观面，展现乡村景观的地域性和乡土性，使游客提早进入旅游兴奋状态。

### 4. 开发线性景观带（四边）营造单元，改善城乡环境面貌

浙江山区在线性景观带上，应深化"四边"（公路边、铁路边、河边、山边）区域和"三改一拆"区域的绿化，以公路、铁路、河流沿线为重点，建成一批洁化（绿化扩面与提质）、彩化（丰富种植品种的色彩搭配）、美化（美化环境和局部小气候）的彩色森林带，营造林水相依的生态河道和景观绿化带。

## 二、四类营造单元田野调查

为合理开发建设四类浙江山区生产性景观营造单元，必须要基于浙江山区乡村的生产现状、生产性作物种植情况、植物种植层次等多种现实问题。通过对现状的"把脉"，梳理出四种营造单元的生产性景观建设基础与地区共性问题，使营造单元方案模式理论内容具有现实落地价值，且实践内容更具普适意义。

所以在设计之初，针对4种空间类型分别进行了田野调查。此次田野调查与数据库田野调查一同进行。50位调研员分别针对7个地区35个县市区300个乡镇的农田空间、线性空间、山林空间和园地空间生产性景观的种植现状进行调查。共发放300份调研问卷，收回有效问卷共计275份。

农田空间主要关注生产作物的套种情况与种植规模，通过这两点把握农田种植的技术与生产形式。线性空间主要针对种植情况、滨水植物种植层次及形式、沿线植物种植层次及形式三个方面，来了解线性空间的生产性植物种植进程和植物组合特点。山林空间主要关注生产性作物的种植情况、山林套种情况与种植规模及形式3个方面，来探寻山林空间与生产功能的利用情况。园地空间主要从作物种植情况和套种情况来把握园地生产性景观的生产现状（附录3）。

通过四类营造单元的调查结果，总结出不同空间的生产性景观现实问题。再对应生产性景观评价体系指标权重，探究各营造单元的空间营造对策。最后以四个具体实践基地为研究对象，从乡村本身出发，分析各空间的生产性景观的现状条件和可利用资源，总结4类营造单元的生产性景观营造模式。

# 第5章

# 山林生产性景观单元营造

　　浙江山区乡村的山林拥有丰厚的物质资源与良好稳定的生态环境。然而，随着经济的发展和城市化进程的加快，山区的森林覆盖率逐年降低，林地的产出率也逐年下降。城市化进程中部分山区出现了植被破坏、水土流水等问题，影响了生态环境的稳定性和可持续发展。通过将生产性景观应用于山林空间中，合理运用山林中具有生产功能的生态资源，因地制宜地进行山林景观的营造，不仅高效利用了资源，还可以还原乡村和谐的生态面貌，展现乡村壮美景致。让乡村景观与人的生产生活共生发展，拓宽乡村产业发展之路，起到美丽乡村建设示范作用。

　　本章从浙江山区山林生产性景观的应用现状出发，结合生产性景观评价体系指标权重，以浙江省宁波市镇海汶溪村为场地研究对象，探究山林生产性景观设计重点，总结出山林生产性景观单元三种营造模式，即傍水而观——生产科教空间营造模式、倚山而居——生产体感空间营造模式、入山而游——生产游乐空间营造模式。[1]

## 第1节　山林生产性景观概念

　　正如第2章所述，本书针对山林生产性景观的定义是：具有一定海拔和坡度的，地面上种植了郁闭度0.2以上的乔木林、竹林、灌木、疏林、未成林造苗圃等物质资源，这些物质资源具有一定的生产性景观特性。所以本节通过梳理山林中可利用的生产资源以及对山林空间进行详细分类，为后续营造模式的探究提供依据。

### 一、山林生产要素

　　根据第3章节所建立的浙江山区生产性景观生物数据库内容，本研究提取出可供浙江山区山林利用的生产资源共有49种，适合林地生长的动物共有4种，与山林相关的活动有3种，生产工具有3种。这些生产要素都是营造生产性景观的基础，将这些生产元素进行组合搭配，即可获得具有多重作用的景观效果。

　　浙江山区山林因其丰富的天然条件，适合多种植物的生长。山林间虽有大量植被，但大多都是通过集中覆绿而生长的野生植物，生产价值不高。本研究梳理出适合山林地形地貌的 49 种生产性植物，例如：毛竹、山核桃、枸杞等，包含乔木、灌木、地被等。从美学角度将这些植物进行搭配种植与套种，不仅可以创造良好的山景效果，还可以创造一定的经济价值。

山林因具有特殊的地貌特征，所以其地理形态也较为适合动物的生长。山林中有大量野生动物的存在，它们自身就存在于一定生态循环系统中。因此，在不破坏原有生态环境的同时，引进经济动物，可丰富山林多样性。适合山林生长的生产性动物共有 4 种：鸡、鹿、鸭、鸽。

山林根据植物种植种类相应也会出现相关生产活动。清明前后茶农们背着背篓上山采茶，山林里农民之间的吴语轻歌也是活态的场景故事。冬天有一年一度的伐竹季，开山伐竹仪式上，工人们集体祭拜山神祈求平安。收获之季，所用到的镰刀、锄头、背篓等农具，虽面临着逐渐被现代机器取代的境遇，但其所蕴含着的劳动者的智慧与创造力则具有一定的文化价值。

本研究总结了浙江山区山林 50 余种生产元素，但是浙江山区面积较大，不同地区具有差异化。所以，在山林生产性景观元素的提炼中，我们总结出了具有普适性的物种。在具体实践过程中可结合当地乡村文化、历史沿革、山体地理形态作进一步的资源挖掘。

## 二、山林景观空间类型

本研究基于生产性景观的物质空间的主要存在类型，按照景观组成，把山林生产性空间主要分为同质山林景观要素空间和异质山林景观要素空间两种类型。

### 1. 同质山林景观要素空间

同质山林景观要素空间，是指某一类景观要素内部斑块之间，或同类景观要素的不同结构成分之间的空间关系，主要包括在山林中的山林本底、破碎斑块、树篱廊道之间的空间关系。此类空间聚焦于山林景观本身，研究其内在斑块之间的相互关系、生态效应及空间关联度等方面内容。

对同质山林景观要素进行空间分析，深入了解山林生态系统的结构和功能，以及它们在空间上的分布和相互关系，可以有效加强山林各斑块之间的生态效应，包括物种的搭配、各生物栖息地质量的改善、生态系统服务供给等，有助于评估生物多样性的维持和改善。

### 2. 异质山林景观要素空间

异质山林景观要素空间，指不同属性景观要素的结构成分之间的空间关系，主要包括同类景观要素的空间关系和异质景观要素的空间相邻度等。山林景观空间是一个综合性景观类型，与周边景观要素相互连接，空间与这些事物相互附属。山林中地形中较平缓的位置一般会有乡村，或是山林中的瀑布、水塘等都是与山林本体不同的异质要素。这种空间具有联结性，在相对稳定的环境下，山林空间与周边环境形成有机的统一。

异质要素的存在可以形成生态过渡区，即不同生境类型之间的过渡区域。这些过渡区对于野生动植物的栖息和迁徙至关重要，因为它们提供了不同生境条件下的资源和栖息地。通过对异质要素空间的合理规划，不仅可以确保山林景观的可持续性，还可以拓展人为活动参与空间，平衡自然保护和人类活动的需求，增强乡村的文化与休闲价值。

# 第2节　问卷分析及问题汇总

## 一、田野调查内容及结果分析

对于山林生产性景观的田野调查，内容主要集中在种植情况、生物套种/共生情况、种植规模三方面内容。本节通过把握总体种植情况，分析现状山林生产性生物的利用情况。

### 1. 山林作物种植变化调查

山林本体空间是生物生存的主要空间，本节对山林中生产性作物种植变化进行具体调研，调查种植是否有减退或增加的情况，并询问增退原因（表5.1）。

| 问题1 | 表5.1 |
|---|---|
| 作物现在的种植是减退还是增加？下列哪些原因所致？（可多选） ||
| [　　　] 减退（近五年内） | [　　　] 增加（近五年内） |
| A、山林地势地貌破坏 | A、山林位置优越 |
| B、山林位置偏远 | B、回报率高（产量、价格、需求量等）请列举＿＿＿ |
| C、成本增加（如劳动力、生产资料等） | C、生产方式改进（机械化、规模化等） |
| D、回报率低（产量、价格、需求量等） | D、生态环境改善 |
| E、生态环境污染 | E、其他＿＿＿＿ |
| F、其他＿＿＿＿＿ | — |

此问题有效个案数据共计241个，涉及浙江山区241个乡镇的调研情况。近五年内生产性作物出现减退的乡镇地区共159个，有效占比66%，出现增加的乡镇地区共有82个，有效占比34%（图5.1）。其中出现种植减退现象的原因主要是回报率低（占比27.7%）、种植成本增加（占比23.4%）（图5.2）。出现种植增加的主要原因是回报率高（占比33.3%）、生产方式的改进（占比23.9%）（图5.3）。在增减原因调查中回报率高低是主要关注点，虽然不同的问卷中结果出现分歧，但是也恰恰证明作物的经济价值是农民在山林种植时首要考虑的问题。

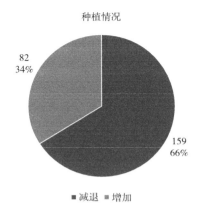

| 山林空间种植情况 | | 频率 | 百分比 | 有效百分比 |
|---|---|---|---|---|
| 有效 | 减退 | 159 | 57.8% | 66.0% |
| | 增加 | 82 | 29.8% | 34.0% |
| | 总计 | 241 | 87.6% | 100.0% |
| 缺少 | 0 | 34 | 12.4% | |
| 总计 | | 275 | 100.0% | |

图 5.1　山林种植情况

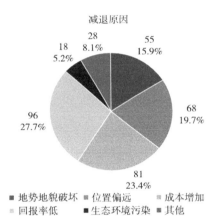

| 山林空间种植减退原因 | | 响应 | |
|---|---|---|---|
| | | 个案数 | 百分比 |
| 山林空间种植减退原因 | 山林地势地貌破坏 | 55 | 15.9% |
| | 山林位置偏远 | 68 | 19.7% |
| | 成本增加 | 81 | 23.4% |
| | 回报率低 | 96 | 27.7% |
| | 生态环境污染 | 18 | 5.2% |
| | 其他 | 28 | 8.1% |
| 总计 | | 346 | 100.0% |

图 5.2　生产性作物种植减退原因

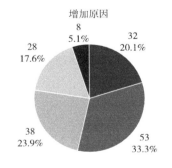

| 山林空间种植增加原因 | | 响应 | |
|---|---|---|---|
| | | 个案数 | 百分比 |
| 山林空间种植增加原因 | 山林位置优越 | 32 | 20.1% |
| | 回报率高 | 53 | 33.3% |
| | 生产方式改进 | 38 | 23.9% |
| | 生态环境改善 | 28 | 17.6% |
| | 其他 | 8 | 5.1% |
| 总计 | | 159 | 100.0% |

图 5.3　生产性作物种植增加原因

## 2. 山林生物套种 / 共生情况调查

山林因绿植覆盖率较高，根据植物的生长形态，形成丰富多样的林下空间。植物套种技术与生物共生技术是乡村复合农业的初级探索，是实现高效农业的手段，可实现经济结构的双重升级。高效农业的普及可提高山林利用率，增加农民所关注的经济价值。因此我们开展了对山林生物套种 / 共生情况的调查（表 5.2）。

| 问题 2 | 表 5.2 |
|---|---|
| 村内主要有哪些套种的作物？（可多选） ||
| A、植物和植物套种 | 如：＿＿＿＿＿＿＿＿＿＿ |
| B、植物和动物共生 | 如：＿＿＿＿＿＿＿＿＿＿ |
| C、植物和菌类套种 | 如：＿＿＿＿＿＿＿＿＿＿ |
| D、其他 | 如：＿＿＿＿＿＿＿＿＿＿ |

此问题有效个案数据共计 299 个。植物之间的套种现象数据共 66 个（占比 22.1%），主要为茶类与橘类套种。植物与动物共生种类共 66 个（占比 22.1%），主要为林下养鸡共生形式。植物与菌类套种数据共 20 个（占比 6.7%），其他种类 1 种，无套种的数据共 146 个乡镇（占比 48.8%）（图 5.4）。有近一半的数据表明在山林中生物之间的套种 / 共生技术还未普及。

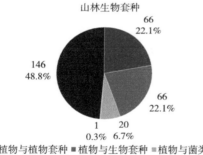

| 山林空间生物套种 / 共生 || 响应 ||
| --- | --- | --- | --- |
| ||| 个案数 | 百分比 |
| 山林空间生物套种 / 共生 | 植物与植物套种 | 66 | 22.1% |
| | 植物与动物共生 | 66 | 22.1% |
| | 植物与菌类套种 | 20 | 6.7% |
| | 其他 | 1 | 0.3% |
| | 无套种 | 146 | 48.8% |
| 总计 || 299 | 100.0% |

图 5.4　山林生物套种 / 共生情况

### 3. 种植规模调查

山林区域面积较大，种植规模与种植形式会以多种方式组合而成。通过对种植规模与形式的统计可充分了解山林土地利用效率、生产效率及生态斑块现状（表 5.3）。

| 问题 3 | 表 5.3 |
|---|---|
| 村内作物的种植是什么规模？（可多选） ||
| A、家庭种植 | |
| B、村民承包 | |
| C、集体种植 | |
| D、其他 | 如：＿＿＿＿＿＿＿＿＿＿ |

本题收集个案结果数共 352 个。统计结果表明，山林中的种植规模一半都是以家庭种植为主，占比约 51.1%，其次是村民承包，占比 37.8%，其余有集体种植和其他种植方式（图 5.5）。以家庭为单位进行山林种植，可以较大激发村民的生产积极性，让他们能更为自由地选择种植方式，让山林发挥最大价值。但是个体过多且生产规模过小，不仅生产效率会降低，还会切割山林景观空间，破坏整体生态系统。

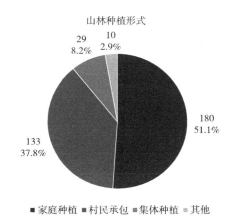

| 山林空间种植形式 | | 响应 | |
|---|---|---|---|
| | | 个案数 | 百分比 |
| 山林空间种植形式 | 家庭种植 | 180 | 51.1% |
| | 村民承包 | 133 | 37.8% |
| | 集体种植 | 29 | 8.2% |
| | 其他 | 10 | 2.9% |
| 总计 | | 352 | 100.0% |

图 5.5　山林种植规模情况

## 二、现实问题

问卷调研结果显示，山林的种植情况日益变差，主要原因是村民认为经济价值不高，其次是山林的生物套种共生技术普及率不高，缺乏复合农业的技术引进。最后，山林种植大多以家庭种植为主，山林种植的个人参与度较高，但是不恰当的生产活动还会在一定程度上破坏生态环境。因此，山林生产性景观在当今时代背景下将面临以下几个现实问题。

### 1. 生产价值低导致山林生态资源闲置

生态资源因为其生态价值具有间接性，转化为货币经济的过程难以核算而且过程漫长，导致人类常忽略其价值。虽然人类的较少干预会使生态环境呈现自我循环，但是在不影响生态循环的前提下恰当地人为介入，会达到人类与自然和谐相处的最佳状态。而目前，由于某些山林种植空间的闲置，其间的植物野蛮生长。不恰当的植物群落，不仅会产生物种互损的现象，也会对人类活动产生影响。因此合理运用山林生态资源，不仅可加快生态价值货币转换速度，也可使人类与自然形成永续稳定的发展。

### 2. 生产模式单一导致林间生产僵化

调查显示，山林生产模式大部分都是以单一作物种植为主，最为常见的就是竹类。这虽然可以产生一定的经济效益，但是如果单纯依靠这种"靠天吃饭"的种植业来维持经济收入，产业结构不仅单一而且较为脆弱，山林间仍然存在生产能力僵化的现象。究其原因，一是山林中经济作物种植类型较为单一，导致山林生态环境失衡，山林资源不能形成循环经济；二是种植技术的落后，虽然山林较农田、园地而言地形较为复杂，不利于机械化生产的介入，但是可以充分引进新型种植技术，提高山林资源的利用率。因此，山林产业不能单纯依靠种植业，也要通过技术的提升引进高效农业，提升林间生产模式的升级。

### 3. 种植分散导致景观风貌杂乱

目前，乡村的种植形式大部分都是以家庭为单位进行生产，个体单位种植规模较小，且种植品类杂乱。部分山林区域被有效利用成为一户一片的生产空间，各生产空间成为独立景观模块，在自我模块中形成内部生态循环，虽然区域内能保证家庭农户的生产利益，但是纵观整个山林系统，各生产模块缺少互动，景观联动性较差，整体山林风貌杂乱。山林中只有一种或几种植被类型，缺乏山林生产性景观的吸引力和变化性。因此，现有的山林空间缺少系统性的景观规划，缺乏对山林景观空间的设立，而这些景观空间能将山林串联成一个完整的景观系统。

## 第3节　各项指标判断及对策

### 一、评价指标在山林中的应用解读

本书依据第4章生产性景观评价体系中对生产性景观各项二级指标的权重结果，结合山林空间的现状调查结果，来解读各项指标在山林生产性空间应用功能，从而把握山林生产性景观的设计要点（表5.4）。

生产性景观特性权重与山林现状评价判断　　　　　　　　表5.4

| 生产性景观特性一级指标项权重分析表 | | 山林空间现状调查 | |
|---|---|---|---|
| 一级指标项 | 权重 | 现状问题 | 评价判断 |
| 生态性 | 21.87% | 生态环境污染 | 急需提升 |
| | | 山林地势地貌破坏 | |
| 经济性 | 20.50% | 成本增加 | 有待提升 |
| | | 回报率低 | |
| | | 套种技术普及率一般 | |
| 美学性 | 19.64% | 仅有山体覆绿 | 有待新增 |
| 社会性 | 20.43% | 仅有简单种植生产 | 有待新增 |
| 功能性 | 17.56% | — | 有待新增 |

### 1. 生态性现状评价判断

山林空间出现生态环境污染、山林地势地貌被破坏的主要原因是山林生态韧性减弱，所以在生产性景观设计中要着重提升山林的生态功能。山林生产性景观的生态性主要从自然友好度和生物和谐度两方面来体现。植被的耐受力、根系的固土能力和截流能力对山体地形地质起到了稳固作用，多样的生物物种共生能恢复生态系统的自循环能力，巩固生态系统的稳定。

### 2. 经济性现状评价判断

目前，山林的经济性体现不够明显，这是导致生产性作物种植减退的主要原因。千百年来，先人们自始至终把自然资源作为生产生活的基础。人们利用自然资源创收，以满足物质交换的需求。因此，山林生产性景观的经济性主要表现在土地利用率、物资产出以及产业输入三个方面，反映其资源价值的提升、转化、增值的程度。

### 3. 美学性现状评价判断

纵观浙江山区，绿色已成为山林的基本底色，已实现初步集体覆绿的目标。但是从美学角度仅以山体覆绿为导向，缺少色相植物的搭配，造成审美单一的现象。在山林中植物的自身形态、植物种植的密度、山林观看视角以及植物特色等方面都是乡土自然美学营造的基础。植物搭配生长的群落格局所产生的美学构图、意境表达都可成为场景联想的源泉，从而增强社会文化价值，达到了良好的景观外衣效果。

### 4. 社会性现状评价判断

山林空间除了有较少区域是进行家庭种植，其余大部分区域特别是海拔较高、地势较陡的区域都是保持着自然原始状态。山林的社会性涉及山林本体与人类社会之间的互动和影响。山林为人类提供新型的休闲方式，山林所孕育的信仰文化是文化活动的精神支柱，它不仅丰富了人类的精神生活，还提供了独特的教育和研究基地。因此，山林空间的多功能性，应该能让山林生产性景观发挥多重非物质效用。

### 5. 功能性现状评价判断

功能性指的是生物本体的功能性，从神农尝百草到伐木造舟，生物的功能性渗透在人类生活之中。合理利用生物的功能性，可提升生物的经济价值。这里涉及植物的药用疗效、实用原材、能源化工三个方面。我们可以利用植物的叶、茎、花、果、根、皮等入医制药，加工实用品，提取植物燃料制作能源。

## 二、山林景观空间营造对策

本书通过对山林生产性景观的田野调查，归纳出目前存在的山林资源限制、林间生产僵化、缺少山林景观整体谋划等问题。我们通过对生产性景观评价体系指标在山林空间中的应用解读，提出应重点关注生产性景观的生态性、经济性。根据对这两项的调查研究，我们提出山林景观营造建设的突破口应从生态资源利用、经济产业提升、景观空间规划以及社会文化表达四个方面出发，建立山林生产生态空间营造模式，即分别从生态、产业、景观、文化四个层面，展现宜游、宜居、宜业、宜养的乡村山林景观（图 5.6）。

| 生产元素重塑生境恢复 | 生产生物＋生境修复<br>形成景观稳固状态 | 生产模式促进产业升级 | 基础产出＋新型产业<br>促进特色产业循环 |
| 生产环境塑造景观形象 | 植物景观＋生产景观<br>建设动静综合空间 | 生产情景再现文化活力 | 地缘场所＋乡土文化<br>刻画景观文化肌理 |

图 5.6  山林生产性景观营造策略

### 1. 生产元素重塑山林生态基底

大自然是维系人类社会永续发展的生命之舟，为人类提供环境资源及生态服务。自然生态系统具有稳定且自适应的循环结构。人类活动在一定程度上干扰甚至破坏了生态系统的稳定性，但又与自然环境具有相融之处。物种丰富度往往与人类活动具有密切的联系，自然条件优越的区域，生物多样性相对丰富。在乡村山林生产性景观设计中，适当运用生产元素可促进景观的生境恢复，形成生物共生友好的山林生态环境。因此，利用现有生态生产资源，整合山林生态破碎点，注重山林生境的整体生态效益，营造良好的乡村环境，不仅能提高生产植物的经济产值，也可以形成区域内生态系统的良性循环。

建立生境恢复层，实现生态循环，应立足整体空间规划，而不拘泥于某一空间，并在山林同质空间和异质空间中充分调动生产要素，形成生态自循环模式。具体策略如下：首先，针对山林已被破坏的空间与水生态脆弱区，利用雨水循环系统提高山林与水的生态韧性，水资源通过自我蒸发调节山林降雨，促进山林经济作物的生长，植物根茎可蓄水并调节水资源的净化效率（图 5.7）。其次，通过遴选经济植物和动物种类形成生产生物群体组合，增加农产经济收益。根据不同坡度的山体形态，可选用自然恢复法、液压喷播植草护坡以及生态笼砖法对山体进行加固，提高山林的地质生态环境稳定性；

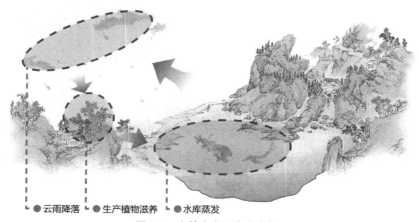

●云雨降落 ┆ ●生产植物滋养 ┆ ●水库蒸发

图 5.7  山林生产元素生态循环

水域附近，可通过建立自然生态驳岸调节水环境微气候，增强水资源的自我维持和净化能力，养沃植物生长环境，采用雨水花园与生物质滞留池两种方式，形成山水一体化修复（图5.8）。最后，针对植物在生长过程中所产生的各种秸秆、废弃蔬菜，可先粉碎再进行厌氧堆积发酵，加工制造出育苗基质。堆积发酵过程中产生的沼气给村内的建筑物提供了大量的电能，沼液进入沼液池沉淀，可用于基地肥水灌溉，形成资源的循环利用。总之，综合运用生态生产要素，不仅可达到良好的生态循环，而且还可以提高农业生产效益。

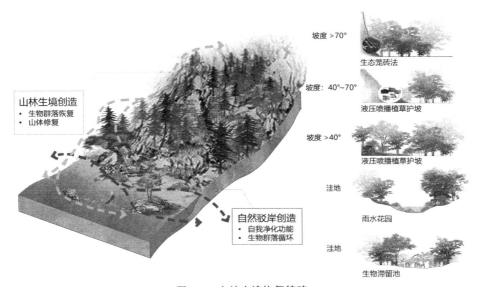

图5.8 山林生境恢复策略

## 2. 生产模式促进山林产业升级

我国绝大部分山区的传统林业多采用初级的生产方式，直接售卖原材料或将林间经济作物经过一级加工后获得收益，这已不能实现村民所需的丰富的物资供给和丰厚的经济回报，无法满足人民日益增长的美好需求。同时，山林因地形复杂导致劳动强度更高、难度更大，不利于提高生产效率，且相对其他生产场所而言更不安全，劳动条件更艰辛。因此，单一的传统林业逐渐被村民所放弃。

然而，随着"千万工程"的深化和乡村振兴的推进，浙江山区乡村的产业转型使得山林巨大的潜在生产价值备受关注，成为发展乡村特色经济的重要资源。充分利用乡村的山林资源建立新型产业循环模式，有利于提升乡村经济发展水平。

新型生产性景观通过第一、二、三产业联合发展，形成六产空间。通常表现为利用经济果林、景观苗木等基本要素，发展林下经济，打造果实采摘、休闲旅游等多种生产模式的山林生产性景观，实现山林"农景—农产—农趣"相结合的产业提升模式，形成"乡村＋旅游"的山林发展新思路（图5.9）。

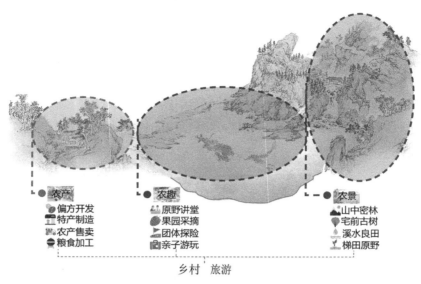

图 5.9　山林生产模式联动

　　山林种植生产植物时可考虑营造大地景观，吸引人群观赏。收获之际，作物收成产生直接经济收益，也可通过采摘、露营、探险等互动体验，让游客感知山间劳作文化，体验农林之趣，使农民获得间接经济效益（图 5.10）。还可根据山体地形地貌的丰富变化，合理规划设计游客的游玩路线，在林缘水边感知山水文化，在林间建筑中体验山乡静谧，充分感知山林景观的魅力。多元产业联动可使游客在多感官、多维度、多场景中产生共鸣，找到山乡的认同感和归属感，重拾乡愁文化。

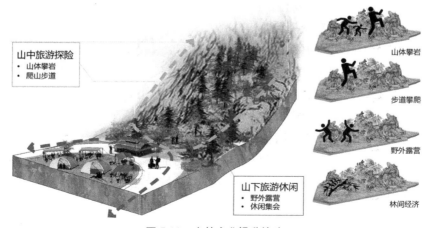

图 5.10　山林产业提升策略

### 3. 生产环境塑造景观形象

生态系统服务中的供给服务为人类提供粮食、水源、燃料等要素。可利用天然要素所形成的生产环境来建设生产性景观空间，建立集"美学—生产—情感"于一体的景观形象。塑造山林景观形象主要包括：打造静态生产植物组团效果，维护动态生产活动效果。

　　植物是山林生产性景观中最重要的要素，良好的植物群落不仅能促进生态恢复，而且有助于营造和谐的人居环境。山林中的生产性植物除了具有生产价值，还通过色彩、姿态、体量和质感等呈现出重要的观赏特性。首先，不同的植物具有不同的花期与色彩，按照季相搭配不同颜色的植物种植，可使山林景观四季皆有景可赏。其次，由于山林地形地貌具有多样的地质形态，造就了层峦叠嶂的景观视觉效果，形成了既可远观又可近赏的多层次山林景观。此外，某些特殊古老的乡土地缘植物，如蒲公英、山核桃等，也具有深刻的文化寓意，可增强乡村文化功能。因此，根据山林种植现状，引进多色物种，形成乔灌草的组团搭配，可增强山林整体景观色彩，丰富视觉效果（图5.11）。

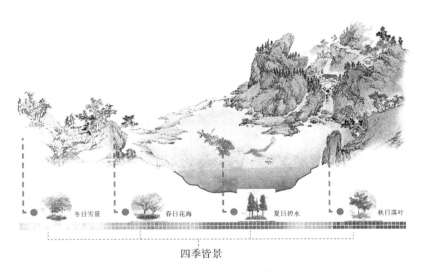

图 5.11　山林生产植物季相效果

　　山林生产性景观中的生产活动是展示农业景观的一种途径，如上山伐木、采茶摘果等生产活动，不仅包含了景观生产的物质结果，也体现了景观生产的动态过程。人类创造物质的过程融合了生活的智慧、工具的利用、周边环境的调动等多种要素，本身就是一种可观、可赏、可学的生产景观（图5.12）。因此，根据原住民的生活智慧，塑造具有生产性的动态生产行为景观，使山林生产性景观更能突出乡村特色。

### 4. 生产情景再现文化活力

　　乡村景观建设存在千篇一律的同质化现象，与乡村文化价值的瓦解不无关系。昔日乡村的熟人社会对血缘与地缘的认同感较强，人们对乡村产生的乡土情结推动着乡村文化传承与发展。乡村文化是汇聚乡村人群的精神纽带，是物质资源向精神过渡的

图 5.12　山林景观空间布局策略

高度提升。在山林生产性景观建设中，乡村文化中的劳作过程和休闲场景等内容，是拓展新型生产途径的基础资源。因此，利用乡土植物、村民生产活动及非物质文化要素等，建立山林地缘文化基调，强化山林独有的生产文化印记，整合串联起蕴含乡土文化的生产场景，使山林景观营造起到传承历史文化、展示民俗文化、彰显文化自信的作用（图 5.13）。

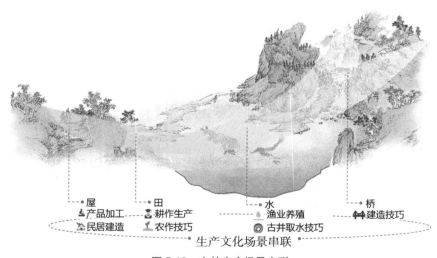

图 5.13　山林生产场景串联

对乡村山林生产文化进行可视化营造，以物质表达为载体，把精神愿景与客观存在的物质相结合，不仅能使抽象物体可视化，而且还可对文化服务价值进行量化。例如通过种植具有当地特色的乡土农作物与植物，凸显生产植物文化韵味；通过策划山林农业时节的传统生产民俗活动，体现乡土文化魅力；通过展示传统农耕用具，了解山林生产文化过程；通过打造具有代表性的乡村地缘特色文化景观，唤醒人群乡村地缘文化感知（图 5.14）。

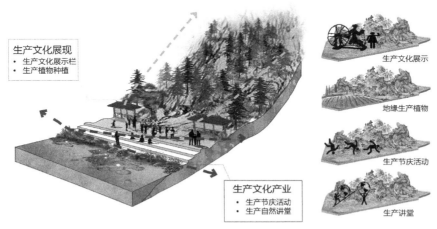

图 5.14　山林文化活力再现策略

## 第 4 节　山林生产性景观营造模式

　　本节以浙江省宁波市镇海汶溪村山林空间为研究基地，通过对场地现状的研判、生产现状的考察、山林景观空间的深度剖析，运用"生"产融合的设计概念，探索以自然资源为依托的生产性景观营造模式。在山林生产性景观空间中结合生态、产业、景观、文化四个方面的策略，根据山林景观空间形态，建立以"傍水而观的生产科教空间营造模式""倚山而居的生产体感空间营造模式"以及"入山而游的生产游乐空间营造模式"三大模式，实现从物质到精神的综合化表达。

### 一、选取研究场地

#### 1. 村落概况

　　汶溪村位于宁波市镇海区九龙湖镇西部，作为镇海区的西北门户，西北与余姚相邻，是一个处于四明山余脉中边缘的古老乡村，是春秋时越国大夫文种的故乡。汶溪村因溪得名，汶溪穿村而过，在汶骆路南面缓缓流淌最终汇入甬江。山地面积约占村域面积的 3/4，两大水库（三圣殿水库、小洞岙水库）分布其中，形成山水相依的山水格局。

由于紧邻交通要道，早在元朝，汶溪就已民物丰盛，商贾、居民多居于此，并有两大古窑遗址（小洞岙窑址及龙窑窑址）。汶溪村现状条件良好、生产物质基础丰厚，村民生活便利，具有较为丰厚的生产性景观营造基底。

### 2. 研究场地界定

汶溪村是一个行政村，山林空间占村域面积的 70%，有两大水库和一条汶溪，还有众多自然村分布其中。根据山林生产性景观的空间类型，本研究选取区域融合"山—水—田居"三类元素，深入探究山林自然资源与景观建设的相互关系。研究范围主要聚焦汶溪山，包括小洞岙自然村、汶溪山、小洞岙水库、三圣殿水库及农田五个组成部分，总面积约为 1.4km² （图 5.15）。

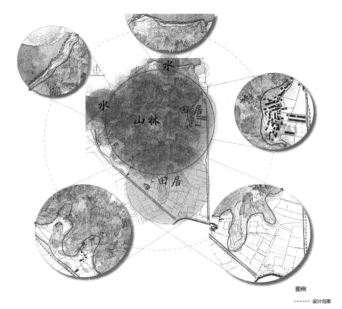

图 5.15　研究场地界定

### 3. 生态资源评估

汶溪山树种丰富、层次明显，为生态环境的稳定提供了良好的供养空间。汶溪山土壤属于低山丘陵地带性土群，大多为红壤，具有黏、酸、瘦等主要肥力特征，旱季保水性较差，适合种植茶、果等经济产物，也较为适合窑瓷的生产与制作。汶溪山为四明山余脉，由于丽水—余姚深断裂及多期（次）活动而呈现桌状的山体形态，后因潮湿气候及水流作用，山地丘陵不断被切割和堆积。虽然山体连绵不断，仍能看到从前开山挖矿的破坏痕迹，裸露的山岩、寸草不生的崖壁，都反映出昔日失衡的生态环境。

### 4. 生产现状分析

汶溪山林中种植有桃、杨梅、樱桃、毛竹等经济作物，不仅提高了生态环境的多样性，且为村民带了经济效益。林中草本种植较为多样，有毛茛、碎米荠、紫花地丁等，开花季节集中于春季，为山林平添了一抹色彩，但下半年开花草本植物较少。山林灌木大多为季相类植物，起到了很好的景观点缀效果。就竖向高度而言，灌木作为草本与乔木中间的过渡物，起到了丰富景观层次的作用。大多灌木具有药用价值，如继木、枸杞、连翘等，不论是批量种植还是零星野生，都对中医药文化起到了展示和促进作用。

由于山林资源逐渐荒废，导致了山林中原有的毛竹砍伐、春日采茶活动渐渐消失。目前，茶叶人工采摘已经被机械收割取代，往日采茶女的歌声、茶夫的扁担已变成记忆，热闹的生产活动已不复存在。

汶溪村的传统节日风俗与习惯保存较为完好，因大部分村民具有强烈的地缘家族认同感，所以在传统节日及重要节气之时，村内会举办民俗活动，各个家庭团聚，这种温馨气氛与文化活动彰显了传统乡村文化的活力。汶溪山的土壤黏性较大，利于制窑生产，因此村内有小洞岙窑址及龙窑窑址，虽然现在已不再生产制窑，但其生产基底却依然深厚。

### 5. 景观空间剖析

正如前文所述，山林生产性景观具有异质类景观要素空间与同质类景观要素空间两种空间类型，共同构成山林景观环境。根据山林空间类型的分类，将汶溪村的山林空间总结为以下三种：山林水缘空间、山林农田民居空间以及山林本底空间（图 5.16）。

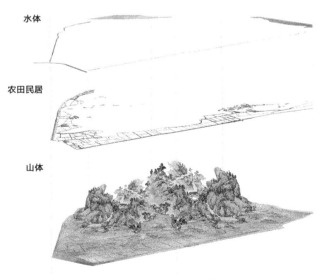

图 5.16　山林景观空间类型

（1）山林水缘

汶溪山紧邻小岙水库和三圣殿水库，山林与水资源相互交融，形成了丰富多样的自然环境，成为周边人群热爱前往的理想活动场所。但是调研发现，目前汶溪山与小洞岙水库接壤处被盘山公路隔断，使得二者在空间上成为两个相互独立的个体。驳岸作为一种过渡空间，衔接山与水两个空间，不仅在生态环境中起调节作用，而且也是人参与到山水之中的重要活动空间。然而，由于水库的水位与盘山公路高差较大，驳岸呈现出近乎垂直的状态。岸上种植了少量植物，将河岸与公路进行安全隔离。三圣殿水库与山体接壤处虽是自然驳岸相接壤，但驳岸上自然植被种植较少，生态性较差（图5.17）。

图 5.17　山林水缘空间分析

（2）山林田居

田园和民居是汶溪村民生产生活的主要场所，是体现山林生产性景观最重要的空间之一。汶溪山与田园民居建筑的格局主要有三种形态：山林嵌入建筑、建筑背靠山林、山林延伸至建筑（图5.18）。第一种是山林嵌入建筑，这种形态下的建筑呈U字形，山林嵌入建筑中，山林中的植物与建筑形成围合关系。第二种是建筑背靠山林，房屋的建筑立面形成一个隔断，生活空间与山林空间两个空间相对独立。第三种是山林延伸至建筑，主要表现为民居院子与山林相连。这三种格局有一个共性问题：山林空间与建筑空间都呈现随意而杂乱的状态，缺少景观植入。就人群活动而言，三种格局的建筑都阻碍了人群与山林的互动，缺少对山林景观空间的有效使用。但是，就生态环境而言，建筑形成一个有形的屏障，有效阻隔了人类带给山林生态系统的负面影响。权衡建筑的利弊以扬长避短，在保护山林生境的同时又能促进山林与人类的互动。建筑空间营造必须从山林空间特点出发，根据山林生境的营造法则，结合人类活动习惯，打造人与动植物共

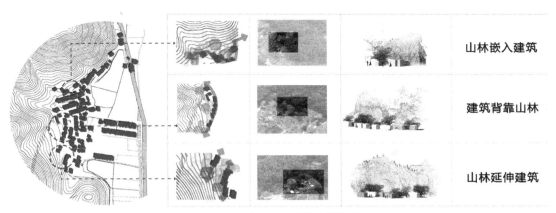

图 5.18　山林农田民居空间分析

存的美好生活空间。

（3）山林本底

以鸟瞰角度俯视汶溪山整片山林，郁郁葱葱，生机盎然。但是以景观视角审视山林植物，却发现了植物景观种植存在视觉混乱的问题：一是野蛮生长的态势，二是杂乱无章的林相。

汶溪山的山林空间基本处于荒废状态，村民没有对山林生态系统进行干预。丰富的山林资源也不能转化为有效的产业资源，造成了生态资源的闲置与浪费。山体中现存的几处"遗疮"，都是昔日不恰当的生产活动遗留下的生态问题（图 5.19）。因此，采取一定的生态补救措施，使"遗疮"变为宝地，是当下行之有效的重要设计任务。

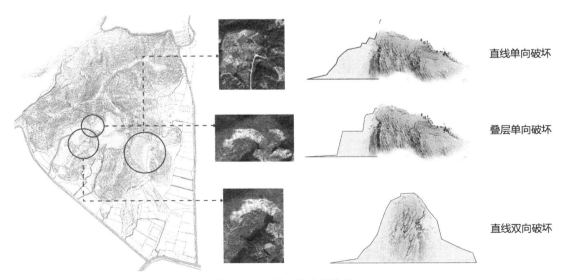

图 5.19　山林本体空间分析

## 二、设计概念

自然生态环境是人类赖以生存的物质基础，良好且稳定的生态系统为人类福祉作出巨大贡献。经济产业需要在稳定的自然环境中，融合生产基础、物质条件和精神文化等多种要素。本研究以山林空间为设计载体，利用生产性景观特性解决山林生态和产业问题，提出"生"产融合的设计理念，指导本章节的方案设计。"生"产融合包含两层含义：一是生产资源的综合利用；二是生产景观的多重营造。

生产资源主要包括自然环境和生态物质资源中具有生产性的生物要素，本文主要指汶溪山中的动植物要素、水文资源、土地资源、地质要素及文化要素等。创造自然界中的生产空间，应该在天然环境中融合人类对产业发展的需求，使天然资源直接为人类服务，从而达到生产融合的状态。

生产景观主要指生产资源与人群之间进行经济转化活动时所呈现的景观形态。乡间生活的早间晨雾、午间烈阳与晚间繁星，既是自然独特的景观特色，也是独属乡村的生活气息。原住民习以为常的农耕生活、生产智慧反映了乡村千百年来的生产文化。游客为寻找乡愁而来，体验农耕生活，呼吸新鲜空气，购买土特产品。依托乡间独特的自然资源打造多维度的生产性景观，形成新型产业吸引游客，带来经济创收，是把自然资源货币化的最佳途径。

汶溪山中的土地、林业、水文资源都是村民生活必不可少的要素。"生"产融合运用自然生态资源，在自然环境中建造产业活动空间，实现自然与人类生产活动空间的均衡发展（图 5.20）。

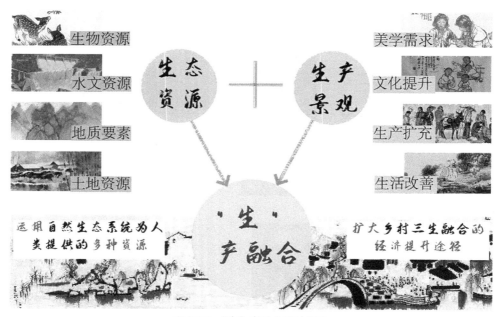

图 5.20 "生"产融合设计概念

## 三、设计模式

　　根据汶溪村的山林现状、山林生态开发利用要求与《宁波市生态保护红线规划》文件，对汶溪山的低丘缓坡进行综合开发利用设计。根据汶溪山的高度与地形特征，可分为三个景观种植布局区：下部的蔬菜与良田区、低山中部的经济果林区以及顶部的生态恢复区（图 5.21）。

图 5.21　山林生产种植垂直竖向图

　　结合"生"产融合的设计概念，我们将山林生产性景观设计总结为三个模式：傍水而观——生产科教空间营造模式、倚山而居——生产体感空间营造模式、入山而游——生产游乐空间营造模式（图 5.22）。三个模式之间以建立新型生产性景观为目的，打造集"科、教、体、感、游、乐"为一体的复合型山林景观。根据三个空间的在山林中的不同位置，分别营造景观视觉中心点，依托山林地貌的优势，在山林边缘和林中等多点打造层次多样的山林生产性景观效果。通过利用村庄现有道路和新增山林游步道，链接小洞岙自然村、三圣殿水库、小洞岙水库以及汶溪村，形成人群活动动线，串联各生产活动空间。

### 1. 傍水而观模式——生产科教空间

　　汶溪山周围有两个水库，驳岸是连接山体与水缘的重要空间，使得山体与水库呈现一体化的空间形态，并且三者之间密不可分。山林水缘不仅为营造良好的景观提供营造要素，也为孕育多种生物生长所需的生态环境提供多种自然资源（图 5.23）。

　　建立生产科教空间，应依托场地独特的生态环境，通过生产性景观植物种植与生物共生，建立生产场景，实现多元结构的产业升级（图 5.24）。根据小洞岙水库与三圣殿水库的现有驳岸特点，营造观赏型与参与型两种空间模式。一是根据小洞岙现有的驳岸特点与自然要素，建立友好的生态生产场景。修复水生态，为生物创造良好生长环境，增加一产经济产业。在良好生态环境基础之下，山—水—林形成水天一色的多层次自然景观，激发人群多样化感知。二是利用三圣殿水库的自然生态资源和窑址遗迹，建立户外课堂教研模式，形成产学研特色产业（图 5.25）。两种生产模式均立足生态地形，尊重并维护原有的生态秩序，并依托山林水缘生产基础，拓展乡村的多元产业途径。

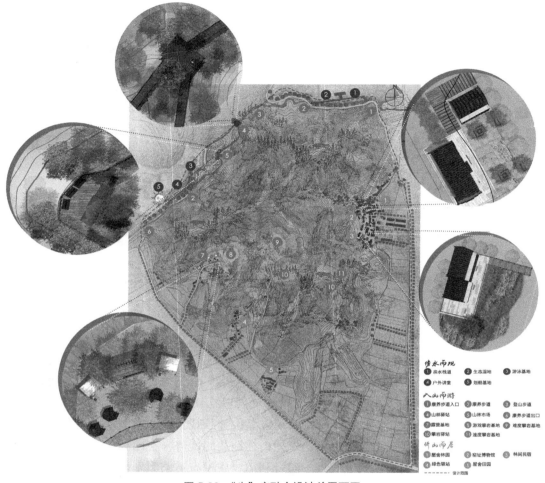

图 5.22 "生"产融合设计总平面图

（1）以生产生物为营造元素，打造绿水青山的亲水驳岸

驳岸是水域与林地的交界线，山林具有地形自然式的过渡形态。针对自然河道驳岸采用的软式稳定法，不仅具有可渗透性，还可增强水与人的亲近感。此空间可通过生态修复，利用生产生物为营造元素，开展休闲旅游产业提高生产价值。

汶溪山与小洞岙水库呈直立式驳岸，水浪对驳岸的冲击性较大，出现驳岸被侵蚀的现象。针对此现象，可建立生态驳岸保护带，水库断面采用多层退台形式，保证山林驳岸能适应不同高度的河床水位（图 5.26）。对于坡度较缓的河岸，则保持原有良好的自然环境，通过植物种植稳固堤岸，合理配置生物资源形成水边生态湿地。针对侵蚀较为严重的河岸，在坡脚用石块加固，增强驳岸的稳定性（图 5.27）。

生物配置不仅要考虑生产生物的生长环境，适应水位变化，还要考虑动植物群落搭配的合理性与共存性，以及动植物的本土性与经济价值。首先，水生植物可根据种植床的深浅，选择水葱、乌菱、鸭舌草等生产性植物，以荷花、睡莲为水中造景植物。其

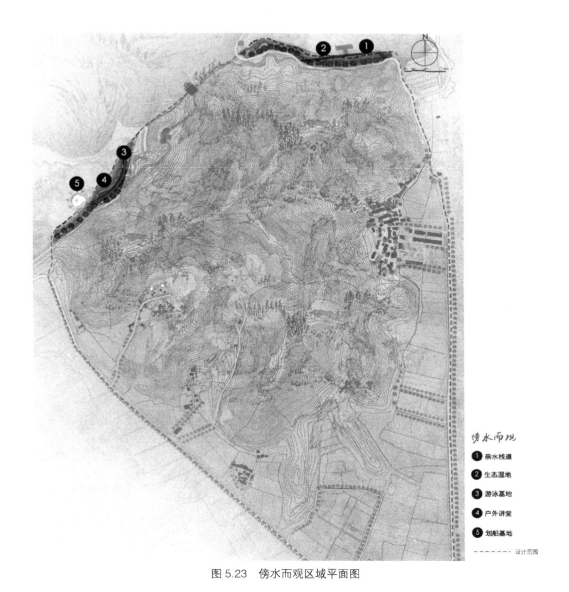

图 5.23 傍水而观区域平面图

次，在坡岸上选择耐水湿、扎根能力强的生产性植物，如垂柳、紫露草、薯豆、石蒜等。最后，结合山林原有的植物，选择杜英、湿地松、紫薇和孝顺竹等堤岸植物，与山林形成统一的景观风貌。根据不同季节配置水鸭、白鹭、泥鳅等水生动物，与乔、灌、草及地被植物，形成可观可赏并具有经济产出的生物群落（图 5.28）。

因汶溪山与小洞岙水库之间隔着机动车道，且车流量较大。通过架设亲水平台，打破山水隔绝的状态，又可形成水库缓冲区，丰富丰水期与枯水期的景观效果。根据丰水位的上限与枯水位的下限，建立阶梯式观景走廊，作为山林向水域的过渡空间。游客行走在波光粼粼的水面上，观赏水中植物、周边生物以及欣赏沿途山水风景，此休闲旅游参观点是增强第三产业输出的重要节点（图 5.29）。

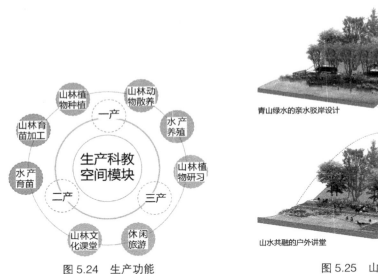

图 5.24　生产功能

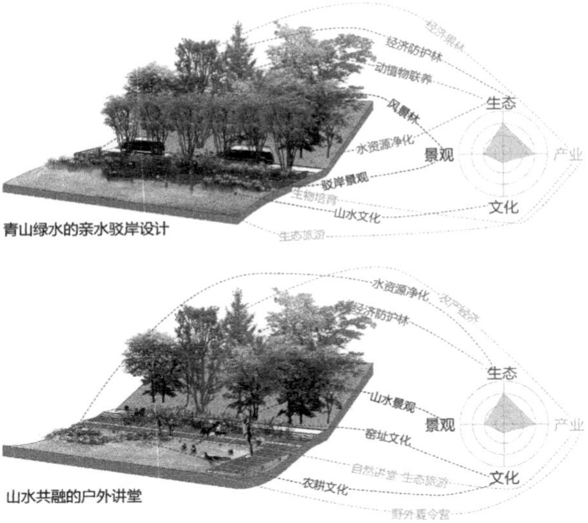

图 5.25　山林水缘功能理念解读

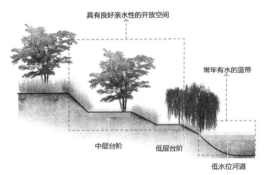

图 5.26　水库断面改造示意图

图 5.27　山林驳岸整治示意图

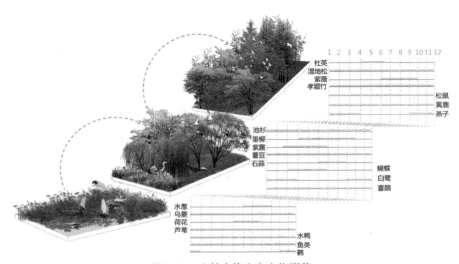

图 5.28　山林水缘生产生物群落

图 5.29　山林亲水驳岸效果图

（2）以山林生产文化为输出，打造山水共融的户外课堂

山林因较为封闭的空间环境，衍生了多种山林文化。如三圣殿水库与汶溪山交接处，原有一处千年窑瓷旧址，建立年代为北宋。现在水库底部仍有长 50m、宽 30m 厚度达 5m 的堆积层。汶溪村内制瓷制窑的生产模式虽未得以延续，但是却留下了这种独特的生产文化。因此，可在河岸空间建立户外研学课堂，建立产学研一体化发展模式，传承历史文化并转化为新兴产业（图 5.30）。

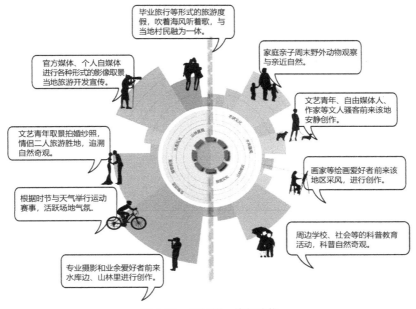

图 5.30　产学研一体化功能

　　三圣殿水库与山林之间是自然式驳岸，枯水期为滩涂状态，为植入空间功能提供了有利条件。设计时除了要恢复植物生态效果外，还可结合山林文化开展自然课堂。依托村内游客流量，在滨水空间中植入生物认知课堂，让孩子们真实观察水生植物生长状态与外观。在生物循环共生共养状态下，让孩子们领略水天一色的自然景观魅力，通过科教讲堂传播山林文化。

　　水库面积较大，可活动的空间充裕。依托自然课堂和主题运动，可在安全水域范围内建立游泳训练、划船比赛等水上运动基地，开展多项暑期夏令营活动（图 5.31，图 5.32）。通过有效利用山林水缘的驳岸空间，增强山林的生态稳定性，更提高了山林水库的利用价值。

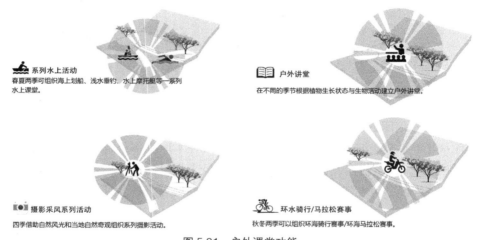

系列水上活动
春夏两季可组织海上划船、浅水垂钓、水上摩托艇等一系列水上课堂。

户外讲堂
在不同的季节根据植物生长状态与生物活动建立户外讲堂。

摄影采风系列活动
四季借助自然风光和当地自然奇观组织系列摄影活动。

环水骑行/马拉松赛事
秋冬两季可以组织环海骑行赛事/环海马拉松赛事。

图 5.31　户外课堂功能

图 5.32　户外课堂效果图

### 2. 倚山而居模式——生产体感空间

本模式主要聚焦于小洞岙自然村内的建筑及农田空间。建筑与农田都与汶溪山有空间上的交融，并且都具有一定的人群活动空间和历史文化底蕴。整个空间格局由"山林—建筑—农田—溪流—道路"五大元素构成（图 5.33）。在山林建筑周边，运用生产性景观打破建筑与山林的自然屏障，建立和谐共处的生态关系，运用低投入高回报的产业途径，使山林—建筑—人实现产业提升，重振乡村文化（图 5.34）。

利用建筑本身和前庭后院，叠加农田元素，建设梯田自然生产坊、山林窑瓷展览体验空间和山林风貌整治示范三大景观点，利用有限场地实现生态最大化、经济利益化、文化可视化及景观立体化（图 5.35）。

图 5.33　倚山而居区域平面图

图 5.34　山林田居生产功能分析

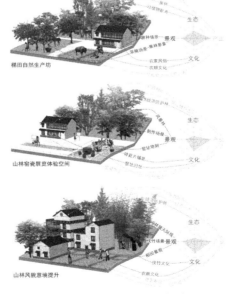

图 5.35　山林田居生产功能分析

（1）以农产输出为基础，打造梯田自然生产坊

此区域位于小洞岙村内西北角，处于汶溪山南面，海拔约 15m。建筑结构较为完整，建筑风格为现代风格，缺少乡土气息。房屋前面因山林地势高差较大，与前楼间距较宽，且具有较好的景观视野，为开展山林活动、展现山林景观提供了条件（图 5.36）。建筑之间有小面积的蔬菜种植，整体呈荒废状态。设计主要包含两个部分：一是建筑的

改造，二是建筑周边环境的提升与利用。首先，针对建筑风貌进行整治，在内部空间植入小型果实加工坊与民宿居住功能。其次，在建筑与山林的衔接处种植经济果林，打造亲子采摘与收割乐园。结合山林的地貌特征，种植瓜果蔬菜，形成梯田景观。通过植入建筑内部及外部的多样化功能，让人在有限空间中感受到多重体验（图5.37，图5.38）。以蔬菜种植、经济果林等农业输出为基础，结合民宿居住、果实采摘、果实加工厨房等业态，综合展现山林景观的生产价值。

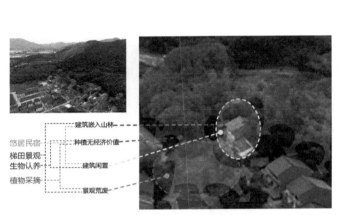

图 5.36　山林田居建筑周边现状分析

图 5.37　建筑功能拓展

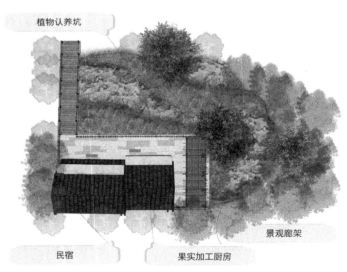

图 5.38　山林田居生产坊平面图

新型生产性景观以生态友好为前提，运用经济作物打造第三产业，开发新兴产业渠道。山林中种植抓地力强的生产性植物，可增强山体稳固性，营造安全的生态环境，还可带来一定的经济效益。在建筑周边打造的亲子乐园，以汶溪山当地果树为首选对象，搭配种植有机蔬菜，形成四季有果、皆可游玩的采摘日历。全季可种植甘蓝与青菜等蔬菜，春季采摘草莓、挖竹笋、采茶叶等，夏季摘葡萄、杨梅、豌豆等，秋季收割水稻等，冬季收获柚子、柑橘等（图 5.39）。采摘的果实，可通过果实加工厨房，加工制成农味，丰富采摘体验感。

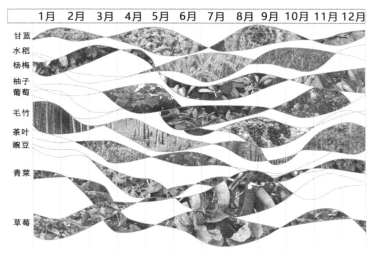

图 5.39　山林田居家庭收获日历

　　除了合理配置植物资源，还可引入动物资源。通过乡村林间的动植物共生共养，形成山林建筑生态的自我循环，加强乡村生态生产链的循环功能。根据山林地势高差打造台阶式小型梯田，种植生产性植物，散养家禽家畜，如荷兰猪、观赏兔等。建筑物旁设小型沼气池，发酵植物残叶与动物粪便形成沼气，可用于饲料加工、有机肥制作、热能及发电。通过调动空间、生物和能源的转化，形成闭环式的生态结构，实现资源的自我消化（图 5.40）。

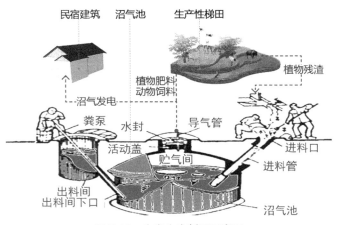

图 5.40　生产生态循环示意图

结合现代乡村休闲度假和产业运营模式，推出生物"认养点"，吸引城市人群，形成长久持续产业。"认养点"包括苗木认养、动物认养等多种形式，举办认养节，让儿童每周末、半个月或一个月来基地内照顾自己的动植物，亲自喂养、播种、养护、采摘等，观察其变化，培养儿童的责任感与爱心，在养护过程中体验传统农耕文化的智慧与奥秘（图 5.41）。

图 5.41　梯田自然生产坊效果图

（2）以窑瓷生产为内容，打造山林窑瓷展览体验空间

汶溪山的北部山坡上有一处古代窑址，最早可追溯至唐代，是当时劳动人民烧制窑瓷的地方，体现了窑瓷生产文化。但是目前窑址内只剩下一块纪念碑与少量仿制瓷器碎片。汶溪山的土壤具有较强的黏性特征，土壤内有较多的氧化铁，为窑瓷生产提供了丰厚的生产资源。在窑址周边建设窑瓷展览体验空间，通过窑瓷展示、窑瓷创意制作、文创产品购买等多种业态，不仅能重现山林制瓷的生产技术，还能活化拓展山林资源的多样化用途。

对于展览空间的建筑改造，主要运用乡土材料，在不改变建筑原有结构的基础之上，增加传统木构件与木格扇，凸显乡土建筑特色，使建筑与山林景观风貌互生互融。在建筑外立面上粘贴废弃瓷器碎片，强调建筑文化价值与主题特色。

窑瓷展览空间根据地形特点，利用高差巧用错层空间形成两个部分：一为北部较低的瓷器制作体验区，二为较高的窑址历史文化展示区（图 5.42）。首先，在瓷器制作体验区入口处设置瓷器成品展示台，吸引游客进入瓷器文化世界，通过场地氛围营造强调

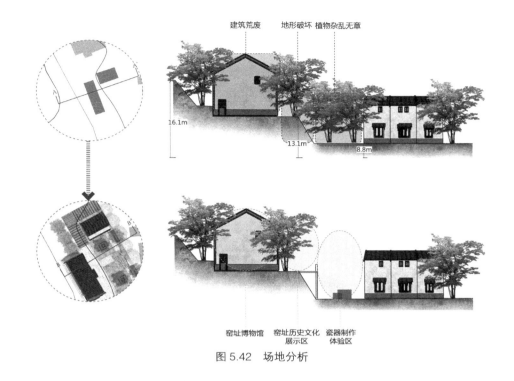

图 5.42  场地分析

文化属性。场地内放置瓷器制作台,通过手工艺人的简单指导,让大人和儿童共同制作属于自己的瓷器土坯,或是利用仿制瓷器碎片进行拼图游戏。随后经过加工晾晒烧制,游客可以拥有自己的手作工艺品。其次,游客可进入历史文化展示区或展览建筑内部,详细了解汶溪村的制瓷历史。展览空间通过展示窑瓷制作所需器物,介绍窑瓷制作过程,以匠人的生产活动为动态景观还原生产场景,配合各种样式的窑瓷造型作为墙绘,为景观空间增添浓厚的民俗氛围。最后,可推出瓷器系列文创产品,拓展山林文化的输出通道(图 5.43,图 5.44)。

(3)以生产环境为场景,进行山林风貌意境提升

作为乡村物质空间载体,山林建筑承载着乡村的文化、经济和地理信息。作为山林与人类活动的空间过渡载体,其形态特征更是山林景观风貌不可缺少的一部分。《富春山居图》中的悠然山水与民居建筑交相辉映、古诗词中山林与建筑的风景描绘,都展现

图 5.43  窑址功能分析

图 5.44　山林窑址展览体验空间效果图

了建筑风貌与山林景观相互作用的效果图景。小洞岙自然村内的建筑背临汶溪山，前有大片农田相映，具有"山—屋—田"三种传统乡村景观要素，为营造山林乡愁之景提供良好基础。但目前村内建筑风貌已模仿城市建筑进行批量建设，缺少独有的地域文化特征，也影响了乡村原有的山林景观风景线。可通过对现状建筑风貌的管控、山林景林的季相营造与农田生产动态文化的展示，营造山林意境效果，激发人群对乡村记忆的多重感知，升级乡村第三产业（图 5.45）。

图 5.45　山林田居建筑场景感知激发示意图

民居外立面改造主要包括三个方面。首先是建筑风格的定位：建筑立面应以村庄原有建筑风格为基础，村内一些老建筑中具有很多传统元素，象征着传统文化的演变。通过粉墙青砖、坡屋顶等代表性元素的装饰增强地域识别性。其次是建筑色彩的管控：在考虑建筑色彩时以大环境色彩为基础，以灰白色为主营造江南素雅的形象，并与北面的青山与南面的黄田形成色彩对比，形成和谐柔美之态。最后是建筑风貌的构建：门窗形式采用木质框架为主，搭配大块玻璃与木百叶分割。外墙面以灰白色涂料铺面，搭配青砖勒脚，形成变化交错之感。屋顶采用人字顶，小青瓦铺面。将不锈钢及玻璃披檐进行拆除，改成传统中式披檐搭配传统节庆挂件。栏杆采用中式木质镂空栏杆，与墙面形成统一的江南古典风格（图 5.46）。

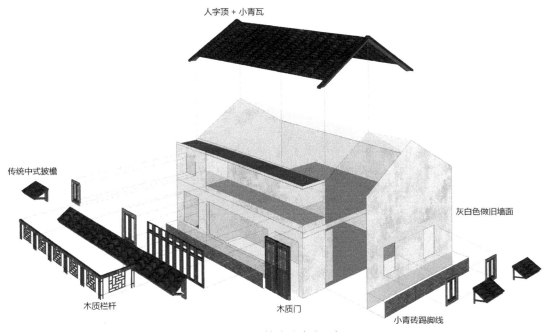

图 5.46　山林建筑改造示意

田野是农民耕种的主要空间，也是体现农耕文化最直接的媒介。利用田野现状，增加农耕文化的展现，不仅可强调其生产价值，也可引发乡愁之感。首先，农耕活动作为一种动态行为，具有文化传递的功能。迎日而出、追日而归的农耕生活，不仅保障了一产的经济基础，也传播了山林生产文化。其次，在动态景观外增加农耕静态景观，如提取或转译农具形态，设计景观小品，在场地内增加农耕氛围，使外来游客增强参与感（图 5.47）。

通过对乡土材料的提取与凝练，作用于建筑的立面改造，改善山林田园风光景象。经过单体与整体的多维度改造，使得建筑具有地域文化特色，与山林和良田形成有机统一的连续界面，使村民具有乡村归属感，使游客具有亲切感，增加旅游的竞争力（图 5.48）。

农具小品展示　　　　　　　　　动态景观展示

图 5.47　农耕小品

图 5.48　山林风貌提升后效果图

### 3. 入山而游模式——生产游乐空间

根据汶溪山的山体破坏情况、种植现状与生态环境等条件，可对山林本底空间进行有效利用。首先，在山林植被密度较大的地区规划山林步道，形成生态氧吧，建立以绿色植物为依托的休闲旅游产业；其次，在种植经济林的区域设置山林集市，在生产时节开展山林市场并策划节庆活动，形成一产的结构升级；最后，在被破坏的山体中植入极限运动场地与野外露营等业态（图 5.49~ 图 5.51），增加山林产业多重价值。

（1）以售卖氧气为产业路径，建立山林生态氧吧

山林是依托自然环境，融合历史文化、经济的综合性空间。高密度的植物覆盖率、独特的地形地貌，以及林木的实用性、审美性与丰富性，为乡村营造特色景观创造了条件。山林中的生产植物通过光合作用释放的氧气，是人类生存需要的必要物质。氧气的浓度是衡量山林环境质量的重要标准。因此，依托山林资源，丰富植物物种，建立生态氧吧，将植物释放的氧气进行"销售"，在一产与三产之间形成互动。

图 5.49 山林本底区域平面图

入山而游
① 康养步道入口
② 康养步道
③ 登山步道
④ 山林驿站
⑤ 山林市场
⑥ 康养步道出口
⑦ 露营基地
⑧ 游戏攀岩基地
⑨ 难度攀岩基地
⑩ 攀岩驿站
⑪ 速度攀岩基地
------- 设计范围

针阔混交林中，松、桧、榉、栎、柏等植物的释放氧气较多，可多选用常绿针叶树以及针塔型树种，此类植物不仅是工业加工的良好原料，生长期间也为营造景观环境提供更高的价值（图 5.52）。

对城市人群而言，林中散步可促进身心健康。根据山林的不同景色与声景设置步道游线，由水源邻近步道、高处观光平台、山脊攀登步道三部分串联的线性步道，游客穿越于不同的山林空间，获得一步一景的丰富

图 5.50 山林本底生产功能分析

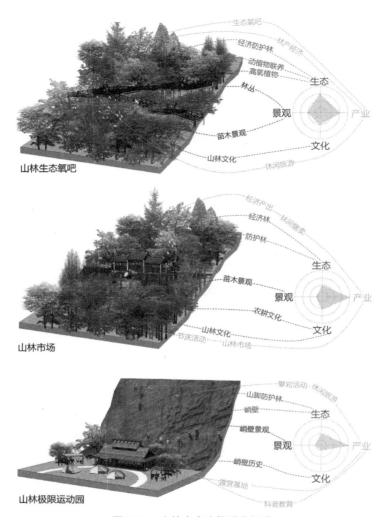

图 5.51　山林本底功能理念解读

体验。在步道形式上，以曲线形式为主，坡度小于 8%，选用碎石与木栈道两种柔软性较强的生态路面材料。整体步道游线由小洞岙村开始环绕小洞岙水库再至三圣殿水库，两水库之间由山林步道连接，增加两个水库的联动（图 5.53）。水库周边以康养步道为

图 5.52　生产植物光合作用示意图

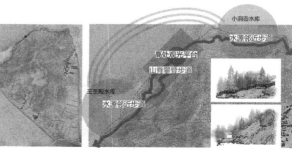

图 5.53　山林步道分析

主，坡度起伏较小，便于所有人群通行（图 5.54）；两水库之间的山林步道由于地形起伏变化较大，但是整体坡度不超过 15°。根据国家登山健身步道建设标准，设置台阶步道，较为适合中青年人（图 5.55）。通过山林游步道连接山林水库，使水缘科教空间与山林本底空间增强互动，不仅提高山林空间利用率，也为山林旅游增添趣味性。

（2）以生产销售为目的，设置山林市场

山林植物的生产性是塑造生产性景观的重要支撑。汶溪山资源丰富，农耕文化浓厚，但是由于长期荒废，导致生产价值不高。根据调研问卷分析，只有部分村民会因生产需要或其他目的进入山林。根据山林步道的规划，适当设置休闲空间，局部放大此类空间，设立山林市场，根据农时举行采摘售卖活动，推出"即玩、即摘、即食"山林产品，吸引村民与游客，拓展山林生产销售渠道（图 5.56）。

首先在地点选择上，可选择视野较为开阔的生产林（图 5.57），扩大休息平台建立山林活动场所，可近距离快速采摘经济作物，还可眺望远处景色（图 5.58）。汶溪山中多种植毛竹，根据毛竹植物生长习性与收获季节，开发山林市场。首先，在竹笋季和毛竹砍伐季，开展挖笋和认养比高高等亲子活动，让儿童了解农耕活动过程，体验农耕文化。其次，在毛竹堆放地点，举办花艺活动，以竹叶、竹筒为花艺元素，游客可学习花艺技术。最后，在山林市场售卖处，售卖毛竹文创手工衍生品，例如竹筒、农用具等，丰富山林生产物

图 5.54　生产植物光合作用示意图

图 5.55　山林攀爬观光步道

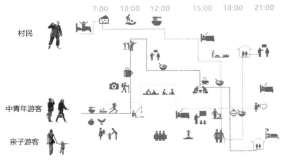

图 5.56　山林市场人群一日活动分析

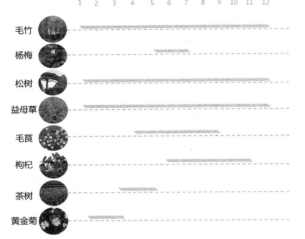

毛竹
杨梅
松树
益母草
毛茛
枸杞
茶树
黄金菊

图 5.57　山林市场种植分析

视点位置
生产性植物种造

图 5.58　山林市场视点分析

图 5.59　毛竹集市活动示意

资的转化模式（图 5.59）。

　　在场地中设置临时售卖亭，展销售卖当季食品与器物，增加多样活动形式。山林市场可根据林中各类植物的收获时节与传统节气，举办节庆活动（图 5.60）。例如重阳节，可举办登高望远的祈福活动，售卖亭内售卖祈福牌、红丝带等产品；在春日的开山节举办挖野菜活动，售卖亭进行简易加工，提供小食品鉴（图 5.61）。

　　（3）以恢复生产为目的，开发山林极限运动园

　　汶溪山因早期不当开采，山体被局部破坏。因陡峭的崖壁无法满足生物的生长环境要求，所以山体表面多为裸露且凹凸不平的岩石。根据山体的形态，采用最少干预的方式，可开发成极限运动园，恢复其生产价值。在山体上建立攀岩乐园，开展攀岩文化交流；在山下建立露营基地，突出夜晚露营观星、白天聚会的场所性质，形成多重产业的提升与发展（图 5.62）。

　　攀岩运动是登山运动的一种形式，通过攀爬增强身体平衡感及协调能力。场地中有三处较大的断壁残垣，根据不同坡度、形态的岩石，建立不同类型的墙壁攀岩体验场所，给攀岩者提供不同的攀登场地与体验乐趣，同样也满足了不同程度攀登者的需求（图 5.63）。

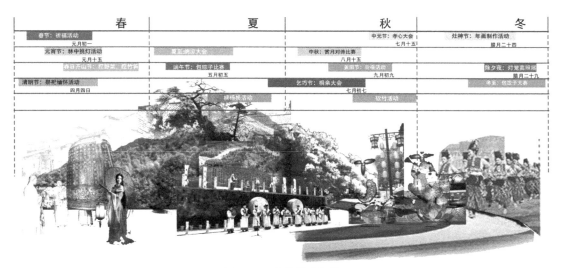

图 5.60　山林活动年历

图 5.61　山林市场效果图

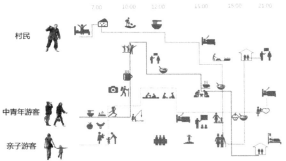

图 5.62　极限运动园人群一日活动分析

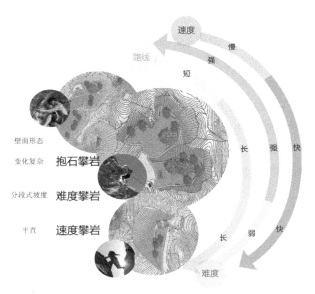

图 5.63　攀岩场地类型

　　近郊户外休闲露营已成为一项促进休闲农业的重要经济行为。在山下较为平整的地带，设置帐篷露营基地，与攀岩活动形成休闲运动一体化发展。根据人群数量分为 10 人以上的团建类型、5 至 10 人的家庭类型，以及 5 人以下的私密类型，不同的空间满足不同活动人群的需求。场地周边设置雨棚、木屋，以防恶劣天气的侵袭。根据人群数量，可举办篝火晚会，形成围合空间，缩短人群社交距离。在私密空间中采用移动生产植物种植箱隔离的方式，保证小空间的使用具有相对独立性（图 5.64）。

图 5.64　极限运动园效果图

　　本章通过对山林空间现状的梳理，融入"生"产融合的设计理念，从生产性景观营造的视角，将场地中林、水、屋、田等资源进行统筹开发利用。在山林空间中建立生产互利共生的场所、打造多维生产途径的产业以及形成激发复合感知的景观。根据场地类型与资源，将山林生产性景观总结为三个模式：傍水而观——生产科教空间营造模式、倚山而居——生产体感空间营造模式、入山而游——生产游乐空间营造模式，最终打造成一个集生态、产业、景观、文化为一体的多层次渗透的乡村山林生产性景观。

　　在当下如火如荼的乡村建设中，如何利用乡村现有资源打造适合乡村村情发展的道路，显得尤为重要。本研究从乡村山林空间单元出发，通过对山林资源的梳理及运用，实现山林生态环境的有效循环、产业的新型提升、景观的面貌提升以及文化的多元重振。

## 参考文献

[1]　祁文莎. 生态系统服务视角下镇海区汶溪村山林生产性景观设计 [D]. 杭州：浙江理工大学，2021.

# 第6章

# 园地生产性景观单元营造

在浙江新时代乡村振兴背景下,"生产—生态—生活—生景"四者的融合是乡村产业转型和绿色发展的要求。乡村生产性景观是建立在"第一自然"上的物质再生,与美丽乡村建设和乡村振兴的理念高度呼应。作为乡村最常见的空间类型,乡村中的园地包括私家菜园、庭院和部分公共绿地,是实现生产、生态、生活循环共生这一目标的重要"生景"空间。园地多位于村内和村口,往往在视线通廊处或极易到达的重要位置。但是目前多数空间权属关系不清,有待重新规划建设。

本章通过对浙江山区乡村园地生产现状、生态问题、生活需求的调研,结合生产性景观评价体系,深度剖析园地生产性景观面临的困境和难题,提出以生产性景观营造为视角,对乡村园地进行资源整合和生产赋能,并提出乡村三产融合、六产联动的内生解决策略。最后以杭州市富阳区大章村作为场地研究对象,总结园地生产性景观单元营造模式。[1]

## 第1节 园地生产性景观概念

正如第2章所述,本书认为园地生产性景观包含多样性的小规模种植、"圈养化"的自主耕种、生物景观共养,兼具乡村自然景观、人文风情、生产民俗等特点,是集中展现乡村风貌的主要场所。

## 一、园地生产性景观要素

根据本书第3章生产性景观数据库,我们对园地生产要素进行梳理,遴选出得票数较高的适合园地生产性景观应用的常见动植物种类、生产活动类型和工具。

1. 园地生产植物

(1)乔木类,包括经济类作物(林果类作物):枇杷、杨梅、柿、桃树、枣、枫香、栗、桑葚、葡萄、柚、杏树等。

(2)灌木类,包括经济类作物(药类作物):狭叶栀子、柑橘等。

(3)草本类,包括以下几类经济类作物:油菜、黄花菜、茭(茭白)、丝瓜、苦瓜、萝卜、荸荠、豇豆、蚕豆、绿豆、菠菜等瓜菜类作物；草莓、甘蔗等林果类作物；向日葵等生产资料类作物；鸡冠花等药类作物。

### 2. 园地生产动物

包括牛、猪、羊、马、驴、兔、鸡、鸭、鹅、鸽、鹿。

### 3. 园地生产活动

（1）果树农事。活动时间为春分、夏至、秋分、冬至。活动内容包括剪除树冠病枝及徒长枝，用石灰水涂刷树干，地面覆一层薄草。在土壤没有上冻之前，进行一次深翻，根据树体的大小施肥，增加土壤养分。

（2）蔬菜农事。活动时间为春分、夏至、秋分、冬至。活动内容包括对大棚增光增温，避免湿度过大而引起病虫害，加强水肥管理和蔬菜防寒措施。

（3）采茶活动。活动时间为清明前后，活动内容类型包括手采、提手采、双手采、割采、机采、采茶铗采茶。

### 4. 园地生产工具

主要包括：生产劳作工具有锄头等，生产运输工具有背篓和箩筐等。这类农具往往具备生产和生活的多重功能，广泛用于田间地头或用作日常容器。

## 二、园地空间类型梳理

乡村园地可根据与建筑的位置关系，分为以下四种园地类型：

### 1. 独栋院落周边园地

该类园地以建筑布局为主导，园地与建筑呈"L"形互补式环抱（图6.1），即宅前屋后型园地。私密性较强，空间领域感明显，活动人群主要为房屋住户，居民会在院中种植日常蔬果以供日常食用，此类园地的农业生产性较为突出。

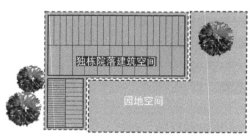

关系特点：大致呈"L"型结构，空间相环抱

图 6.1　独栋院落周边园地空间示意

### 2. 民居建筑组团围合园地

该类园地由多栋建筑围合形成，建筑空间与园地空间相穿插（图6.2）。此类空间具有半私密半公共性，属自生型空间，为多户人家所共同使用，具有农业生产、交往、聚集等综合功能。

### 3. 街巷建筑围合园地

该类园地由街巷建筑围合而成，在满足通行之余，园地顺应建筑形态而成，空间相互渗透（图 6.3）。此类空间属自发形成的公共空间，功能有生产、观赏、休闲、社交等，满足村民、游客等多方人群需求。

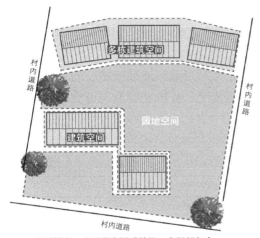

关系特点：大致呈穿插式结构，空间相包含

图 6.2　民居组团围合园地空间示意

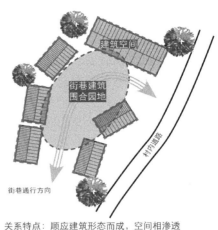

关系特点：顺应建筑形态而成，空间相渗透

图 6.3　街巷建筑围合园地空间示意

### 4. 临靠建筑区带状园地

该类空间建筑临山体而建，形成沿路带状建筑区，与园地空间相临靠，但空间相独立，互不干扰（图 6.4），各区域功能明显，属综合公共性空间。

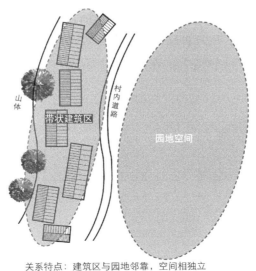

关系特点：建筑区与园地邻靠，空间相独立

图 6.4　临靠建筑区带状园地空间示意

# 第2节　问卷分析及问题汇总

## 一、田野调查内容及结果分析

针对乡村园地生产空间的田野调查，主要集中在园地的增加 / 衰减情况，生物套种 / 共生情况及规模两方面，本节综合分析当前乡村园地生产性动植物的整体利用情况。

### 1. 园地种植变化情况调查

园地空间是乡村生产生活的重要空间，本研究针对当前园地种植情况的变化做具体调研，从种植趋势判断当前生产性景观的种植利用情况，分析其背后衰退或增加的具体原因（表 6.1）。

问题 1　　　　　　　　　　　　　　　　　　　　　　　　表 6.1

| 作物现在的种植是减退还是增加？下列哪些原因所致？（可多选） | |
|---|---|
| ☐　　减退（近五年内） | ☐　　增加（近五年内） |
| A、园地面积减少 | A、园地面积增加 |
| B、成本增加（如劳动力、生产资料等） | B、回报率高（产量、价格、需求量等）请列举＿＿＿＿ |
| C、回报率低（产量、价格、需求量等） | C、生产方式改进（机械化、规模化等） |
| D、生态环境污染 | D、生态环境改善＿＿＿＿ |
| E、其他＿＿＿＿ | E、其他＿＿＿＿ |

此问题有效结果统计共 254 份，涉及 254 个乡镇。近五年内生产性作物出现减退的乡镇地区共 185 个，有效占比 72.8%，出现增加的乡镇地区共有 69 个，有效占比 27.2%（图 6.5）。其中，出现种植减退现象的原因主要是回报率低（占比 32.0%）、园地面积减少（占比 31.3%）（图 6.6）。出现种植增加的主要原因是回报率高（占比 36.0%）、生产方式的改进（占比 32.4%）（图 6.7）。在增减原因调查中回报率高低是首要问题，并且

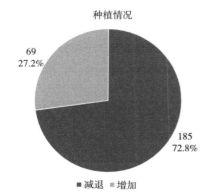

| 园地空间种植情况 | | 频率 | 百分比 | 有效百分比 |
|---|---|---|---|---|
| 有效 | 减退 | 185 | 67.3% | 72.8% |
| | 增加 | 69 | 25.1% | 27.2% |
| | 总计 | 254 | 92.4% | 100.0% |
| 缺失 | 0 | 21 | 7.6% | |
| 总计 | | 275 | 100.0% | |

图 6.5　园地种植情况

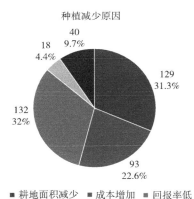

| 园地空间种植减少原因 | | 响应 | |
|---|---|---|---|
| | | 个案数 | 百分比 |
| 园地空间种植减少原因 | 耕地面积减少 | 129 | 31.3% |
| | 成本增加 | 93 | 22.6% |
| | 回报率低 | 132 | 32.0% |
| | 生态环境污染 | 18 | 4.4% |
| | 其他 | 40 | 9.7% |
| 总计 | | 412 | 100.0% |

图 6.6　园地种植减少原因

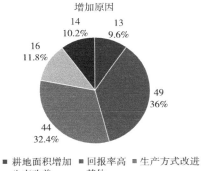
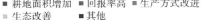

| 园地空间种植增加原因 | | 响应 | |
|---|---|---|---|
| | | 个案数 | 百分比 |
| 园地空间种植增加原因 | 耕地面积增加 | 13 | 9.6% |
| | 回报率高 | 49 | 36.0% |
| | 生产方式改进 | 44 | 32.4% |
| | 生态改善 | 16 | 11.8% |
| | 其他 | 14 | 10.2% |
| 总计 | | 136 | 100.0% |

图 6.7　园地种植增加原因

出现两极分化的情况，证明回报率在选择生产作物时是第一考虑因素；其次是园地面积缩减，说明在以往的乡村建设过程中，对园地的硬化处理或是观赏性的公共绿化处理等已经严重影响了乡村园地的生产性功能，建议在新时代绿色发展背景下作出改变。

### 2. 园地生物套种 / 共生情况调查

乡村中的园地多以家庭种植为主，集约化种植模式较为普及，村民通常会通过植物和其他生物共生共养的方式增加土地的产出价值，提高经济收益。因此，本研究也对当前园地生物套种 / 共生情况进行了调查（表 6.2）。

| 问题 2 | | 表 6.2 |
|---|---|---|
| 村内主要有哪些套种的作物？（可多选） | | |
| A、植物和植物套种 | 如：_____ | |
| B、植物和动物共生 | 如：_____ | |
| C、植物和菌类套种 | 如：_____ | |
| D、其他 | 如：_____ | |

此调查有效个案数据共计 327 个。植物之间的套种现象数据共 120 个（占比 36.7%），植物与动物共生种类共 61 个（占比 18.7%），植物与菌类套种数据共 10 个（占比 3.3%），其他种类 3 种，无套种的数据共 123 个乡镇（占比 37.6%）（图 6.8）。综上所述，植物间的轮作套种是当前园地主要的套种 / 共生方式，但仍有超过三分之一的乡村未采用套种 / 共生方式。

| 园地套种情况 | | 响应 | |
|---|---|---|---|
| | | 个案数 | 百分比 |
| 园地套种情况 | 植物与植物套种 | 120 | 36.7% |
| | 植物与动物共生 | 61 | 18.7% |
| | 植物与菌类套种 | 10 | 3.0% |
| | 其他 | 13 | 4.0% |
| | 无 | 123 | 37.6% |
| 总计 | | 327 | 100.0% |

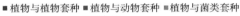

图 6.8　园地生物套种 / 共生情况

## 二、现实问题总结

### 1. 园地种植回报率问题突出，直接影响了种植意愿

种植回报率和农民切身利益紧密相关，它对农民的种植意愿和土地管理决策产生了重要的影响，是农民是否愿意进行种植的决定性因素。究其原因，首先，农作活动收入低成本高，而现代农业生产需要大量的资源，例如化肥、种子和劳动力等。如果农民入不敷出，传统的农作方式就会不再作为生计的第一选择。其次，低回报率往往会影响农田的可持续发展。农民会选择采取短期的、非可持续的种植决策，为了快速获取收益而忽视土地的生态环境和土壤质量。土壤侵蚀、盐碱化、土地污染等问题会导致土地退化和生态环境问题，进一步降低了园地的回报率。最后，政府政策和市场需求的不确定性也会影响园地种植面积。农民可能会受到市场行情和价格波动的影响，根据土地类型、种植季节、市场需求等因素来决定如何利用园地，从而改变他们的作物选择和土地利用方式。如果回报率不高，农民可能更倾向于将土地用于其他用途，这会导致园地的减少和农村景观的改变。

### 2. 园地种植面积减少，生产空间被压缩

随着城镇化的推进，城镇用地需求不断增加。规划调整和资本介入同样会让园地转变为其他用地，比如出租或流转用于房地产开发、商业用途或旅游项目。首先，土地价值上升可能会促使土地所有者将土地用于更高回报的用途，这会进一步减少可用于农业和园地的土地。政府政策和土地规划决策也会影响乡村生产性园地的面积。由于园地的管控相对农田而言较宽松，如果政府鼓励土地用于非农用途，园地面积可能会更容易被

征用。其次，一些地区存在不合理的土地规划和管理，未能保护园地的数量规模和完整性。土地碎片化和不当的土地用途规划会导致园地面积减少。最后，乡村始终面临严重的劳动力流失问题，尤其是年轻人迁移到城市寻找工作和更好生活的机会，留村守候的都是老弱妇幼，很多园地逐渐无人问津，进一步导致了生产性园地的废弃和荒芜。

### 3. 种植生产方式改进，新型生产性行为增加

改进乡村园地种植生产方式和增加新型生产性行为可促进乡村的可持续发展。当前在乡村园地中，已出现自发性地引入一些可持续农业实践，如有机农业、生态农业和精细农业，有助于提高农地的生产力、土壤质量和农产品质量。这些实践改进了种植方式，减少了对化学农药和化肥的依赖，从而减少了环境污染。首先，新型生产性景观往往考虑多样化种植，包括不同作物、蔬菜、水果、草药等，这有助于减轻种植单一作物的欠收风险，并提高农产品供应的多样性。其次，村民自发进行的农村在地多元化创业，例如养殖业、特色农产品、食品加工业、农村旅游等，可以增加收入来源，改进农村经济结构。这类以农业生产结合第二产业、第三产业联动发展的模式正在乡村逐渐普遍，农村合作社和农民合作社可以协助农民改进农业生产方式，提供市场渠道和技术支持，促进新型生产性行为的发展。

# 第3节 各项指标判断及对策

## 一、评价指标在园地中的应用解读

本节依据第4章生产性景观评价体系中对生产性景观各项指标的权重结果，结合本章对园地生产现实情况的调查，对当前乡村园地生产性景观进行评价判断（表6.3）。

生产性景观特性权重与园地现状评价判断　　　　　　　　　　　表6.3

| 生产性景观特性一级指标项权重分析表 | | 园地种植现状调查 | |
| --- | --- | --- | --- |
| 一级指标项 | 权重 | 现状问题 | 评价判断 |
| 生态性 | 21.87% | 园地面积减少 | 急需提升 |
| | | 生态环境污染 | |
| 经济性 | 20.50% | 成本增加 | 有待提升 |
| | | 回报率低 | |
| | | 无套种 | |
| 美学性 | 19.64% | — | 有待新增 |
| 社会性 | 20.43% | — | 有待新增 |
| 功能性 | 17.56% | — | 有待新增 |

### 1. 生态性现状评价判断

当前，乡村生产性景观的生态性问题依然较为突出。城镇化的扩张导致部分乡村土地被用于基础设施建设，减少了可用于生产性园地的面积。同时，土地退化和环境污染问题可能导致一些土地不再适合农业生产，土壤质量下降，促使园地面积持续缩减。针对当前评价结果，我们可从生产性景观生态性的二级特征中的自然友好度和生物和谐度方面切入，对乡村园地进行分类型、分空间、分点位的营造，提高园地的土地利用率，恢复园地生态弹性。

### 2. 经济性现状评价判断

当前乡村生产性景观的经济性表现还不够优秀，各地差异明显。一些地区依赖传统农业模式，以自给为主，生产性景观收入相对较低。另一些地区则开始探索或已经实施农业多元化，激励乡村创业，因而获得了更高的经济收入。合理的土地管理政策和土地利用规划可以提高园地的产出和价值。针对当前评价结果，我们可从生产性景观经济性的二级特征中的土地利用率、空间容量限制、产出物资的商品率、投资维护、经济附加值方面着手，提高农村三产之间的联动，形成六产融合的乡村生产性景观发展布局，提高农业经济收入水平。

### 3. 美学性现状评价判断

当前，乡村生产性景观总体上表现较为朴素，美学性未受重视。从调研分析的数据中发现，大部分乡村的生产性景观都未考虑其美学性。在一些乡村地区，生产性景观更加注重经济性而忽视美学性。这在一定程度上导致乡村景观缺乏吸引力和美感，不能满足游客和居民的审美需求，或缺少与当地传统文化元素相关的美学内容，使景观丧失本土的特色魅力。针对当前评价结果，我们可从生产性景观美学性的二级特征中的直观性、协调性、丰富性、联想性方面切入，提高乡村生产性景观的美学性，使其更具文化魅力。

### 4. 社会性现状评价判断

当前乡村生产性景观的社会性价值还未被充分盘活。社会性活动和传统文化的影响力依然在逐渐削弱，对社会凝聚力也造成了负面影响，一些地区甚至面临传统文化失落和社会价值失传的挑战。而乡村生产性景观独有的资源特色优势和社会参与性价值并未被充分发掘和利用。针对当前评价结果，我们可从生产性景观社会性的二级特征中的特色风土、历史文化、科普互动、推广宣传方面入手，将生产性景观作为盘活乡村内生活力的工具，通过体验式活动，增强乡村社会的连结、吸引更多人群回流乡村。

### 5. 功能性现状评价判断

当前，乡村生产性景观的功能性价值还未被完全利用。生产性景观的功能性不仅体现在农业丰收，还在提供生态服务等多方面为乡村的可持续发展提供原动力，如水源保护、生物多样性保护、土壤保持，对于维护生态平衡和提供清洁水源等方面也至关重要。针对当前评价结果，我们可从生产性景观功能性的二级特征中的调节微气候、疗效、取材、能源化工方面入手，提高乡村生产性景观的功能性，使其更加多样化，有益于社会和经济发展。

## 二、园地景观空间营造对策

园地生产性景观空间的营造策略从挖掘地域资源、整合人群需求、重塑生产空间、唤醒农耕文化四个方面进行。从本底的资源挖掘到以功能需求为导向的空间重塑，实现由农业生产劳动带动乡村空间的发展（图 6.9）。

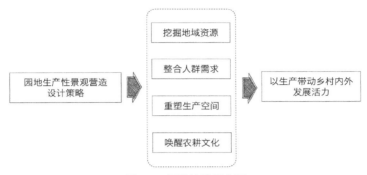

图 6.9　设计策略示意图

### 1. 挖掘地域资源

园地始终保持着作物生产轮作，包括番薯、土豆、白菜、蚕豆、花生、胡萝卜、番茄、南瓜等农作物，桑葚、李子、青梅、柑橘、西瓜等水果。鸡、鸭类等家禽主要养殖在农户自家庭院。但所有作物都属于村民的自主种植，作物分布较为零散，土地"圈养化"现象严重，土地利用不协调导致养分不均，土壤消耗过度，逐渐步入荒芜化。

通过对园地现有资源的梳理，本书将乡村现有物质资源和非物质资源进行划分，总结出具有明显聚集性的资源集合区域，结合生产性景观的特性形成各具特色的景观营造模式。

（1）物质资源

乡村园地物质资源可分为农业生产资源、自然景观资源、人居建筑资源三大类。

首先，村郊园地区块是生产物质资源的主要集中地，且上山取材和田地灌溉方便，因此该地块种植范围较大，种类较为集中，产出量可观。通常村民会在自留后在村内街边或城镇售卖。作物主要选择种植生长周期较长的农作物或水果，定时浇灌，减少管理成本和时间，成熟后集约采摘，产出量高。其次，在民居建筑前园地区块中，由于临近民居建筑，村民自发开垦种植，采摘方便，管理及时，形成了块状小范围园地。种植作物主要为日常食用农作物蔬果，生长周期短，易维护，但产出量低，主要满足村民自足。因此，应在尊重村民种植习惯的基础上，结合不同园区现有资源和可开发资源进行乡村生产性景观分类营造。

自然景观资源包括了乡村内竹林、山体景观、水系景观和生物景观。首先，在以农耕文明为主要的乡村，园地周边的自然资源多较为丰富。因此，可借助生产活动营造自然与农业相结合的动态景观美，发挥经济与生态效益。其次，更新园地周边的亲水空间，净化水质，还原田野溪流的"鲜活"和自然山水的"野味"。

人居建筑资源包含民居建筑和公共服务资源。公共服务资源为村内配套的园地休憩驿站等。民居建筑为村民自住房，多依山体地形地势而建，部分乡村内的临路建筑一层会改为商铺，村民自营，售卖当地民俗小吃和手工艺品，部分手工艺人自家一层便是手工坊，生产空间和生活空间融合。因此，生产性景观的营造应结合建筑的功能属性和使用人群特征，与生产活动形成呼应。

（2）非物质资源

在传统的血缘型村落中，历史积淀深厚，民俗文化丰富，生产文化独特。每逢时节，村民通常会采摘本土野生植物，制作特色小吃等糕点小食，寄以佳期。每逢辞旧迎新之际，很多乡村会举办舞狮子、舞龙灯等民俗活动，沿街展示，灯火通明。如果村落靠山产竹，村民会将竹材视为自然的馈赠，加工成为精美的艺术品，并将竹编技艺代代相传。由此，民俗文化作为活态线索，串联起土地、建筑、自然等系列资源，形成有生命的景观、活着的文化。

**2. 整合人群需求**

通过调研和访谈发现，乡村园地的相关人群主要包括原住民、手艺匠人、坊间商贩、乡村创客、游客五类。访谈主要关注各类人群的需求类型，以及和这些需求相匹配的功能空间（图6.10）。

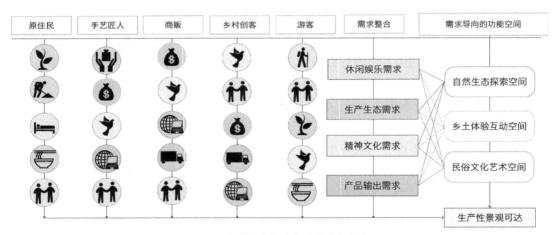

图6.10　人群需求整合与功能空间导向图

原住民：日常活动包含耕作、交往、休憩、娱乐等。即在保持乡村生态稳定的基础上，保证食物自给自足后，盈余售卖生产产品。他们的需求主要是生产生态需求和休闲娱乐需求。

手艺匠人：日常活动包含手艺产品生产、交往、手艺表演、休闲娱乐等。即在自然原料的基础上进行产品手艺加工，满足生活所需也延续了传统文化。他们的需求主要是休闲娱乐需求、产品产出需求和精神文化需求。

商贩：日常活动包含了原料加工、乡土产品售卖输出、交往等。即农副产品的加工和产出后满足生活所需，在产品流通的过程中也加速了乡土文化的传播。他们的需求主要是产品输出需求、休闲娱乐需求、精神文化需求。

乡村创客：创客因乡村的地域文化而来，为文化寻找合适的物质载体，致力于非物质文化的传播和物质资源的经济转化。他们的需求主要是精神文化需求、产品输出需求和休闲娱乐需求。

游客：游客因乡村独特的自然风景和风土人情而来，行为活动包含休闲、交往、体验、手工、娱乐、饮食等。他们的需求主要是休闲娱乐需求、生产生态需求和精神文化需求。

### 3. 重塑生产空间

生产空间已经从传统农业耕作的生产空间扩大到新时代涵盖"六产"的新型生产和活动空间。园地景观空间将以生产性景观路径入手，根据人群需求分析，梳理功能空间，再结合地域资源，重塑空间活力。

（1）自然生态探索空间

空间现状：乡村自然资源丰厚，竹林、溪流、田园融为一体，但园地生产空间中土地破碎化严重，空间利用率低下，生物与环境之间不能互补共生，生态循环链中断。有些园地旁边的滨水空间采用硬质驳岸，溪流水流速度过快，水生植物稀少，破坏了生物多样性，景观层次单一。竹林由于疏于管理，杂草丛生，无人问津。

人群需求：有些村落已开展乡村旅游，活动人群除了原住民，还包括游客、创客等。调研发现，人群需求以生产和生态需求为主，产品输出和休闲娱乐需求为辅。

空间重塑策略：园地生产空间通常被破碎分割而很不规整。根据现状植物情况，可分为地被、灌木、乔木三个园地空间层次，相互叠套有助于形成集约化种植、动植物共生共养、高产出回报的生产空间。打造田埂之间相互错落的休憩场所，方便村民田间行走、游客体验参观，可增强停留感受（图 6.11）。

在园地附近的滨水空间，打造生态驳岸，软化驳岸边界，增强土壤的降水吸收力，减缓水流速度，为生物栖息停留提供生存空间。增设滨水漫步道，为田间耕作的村民和

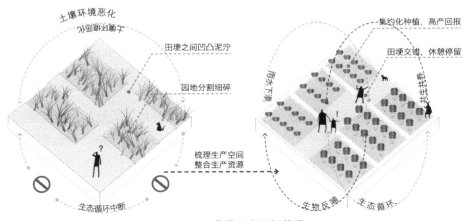

图 6.11　集约生产空间整理

感受自然的游客提供亲水休憩空间。最后，通过第4章建立的生物景观数据库，选择合适的水生植物，稳固河床、完善河道自净体系，增加物质产出。在竹林空间中，利用丰富的竹资源，结合村内手艺匠人的技术和原料采伐，开展游客生产活动，体验竹编生产的一系列过程，为乡土体验互动空间做铺垫（图6.12）。

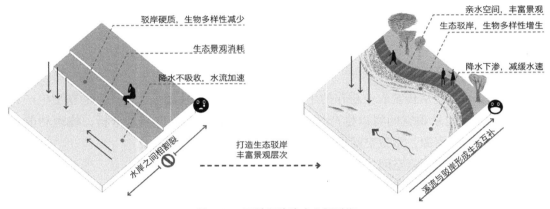

图 6.12　园地周边滨水空间重塑

（2）乡土体验互动空间

空间现状：在调研的大部分乡村中，民居建筑与园地之间距离较远且中间没有休憩场所，多数园地附近也没有驿站等公共场所，缺少公共空间串联，偏僻的园地周边杂乱荒芜。

人群需求：由于该区域资源较集中，所以涉及的人群面较广，包含了原住民、游客、创客、商贩，需求主要体现为农耕劳作、观光休闲、精神文化和产品输出。

空间重塑策略：挖掘园地生产背后的体验式景观，规划点状体验区，增设采摘体验模块，自主种植模块、生产交流模块，塑造空间的内生活力。增加公共建筑休憩区域，设置生产交流模块，为人群提供公共交流空间，展现生产性景观的社会性和诗意性（图6.13）。

自主种植模块是为游客提供主动浸入式感受自然生产的休闲体验空间，空间内每小块耕作地都配置休憩角，满足耕作休憩、交往、购买等需求。

采摘体验模块在村民集约种植下，为游客提供采摘体验空间，并可在园地周边设置田野厨房，为进行种植的村民和采摘加工的游客提供休憩和加工品味空间，现场品尝新鲜农产品。

生产交流模块分布于园地周边，为已经体验过生产种植或采摘的游客提供空间，进行生产经验交流、亲子交流等。并在该空间内设置农产品储存和物流运输配送功能，借助乡村区位特征，打造3小时新鲜圈，实现农产品的快速输出。

（3）民俗文化艺术空间

空间现状：民俗文化是在生产生活等各类活动中诞生的乡土文明，手工艺更是对自然产出物的实用性智慧和艺术化加工。但大多数乡村中的传统手工技艺都面临失传，缺

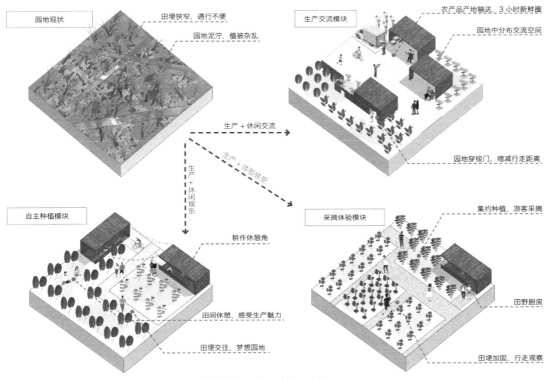

图 6.13　乡土体验空间重塑

少对传统文化的转译和活化。大多数乡村的人群会向道路边和街巷商铺周边集聚，但与生产园地之间缺少联系，不能体现地域生产文化。在建筑围合的园地空间中，园地因为所属关系不明确，或争相抢夺或无人理睬，对园地空间来说都是一种极大的消耗。

人群需求：活动人群主要包含了原住民、游客、匠人、商贩和创客。人群需求融合了休闲娱乐、精神文化、产品输出三方面。

空间重塑策略：在街巷园地生产空间中加强与街巷民俗工坊的联系，将生产与加工之间的过程精简透明。提升手艺工坊生产环境，作为蕴含匠心精神的生产人文景观，增加空间体验和感知性。将建筑围合园地作为公共空间打造，适当打开围栏隔断，使园地与道路相通，提高空间开放性，吸引游客进入到空间参与活动。结合民俗工坊，设置体验活动空间和儿童游乐空间，打造主题型园地（图 6.14）。

#### 4. 唤醒农耕文化

生产性景观中蕴含的文化性，从宏观层面上是对传统农耕文化的延续，是生产劳动中凝结的非物质精神，是华夏文明的基础。从中观层面上是一种多元包容的文化，以农耕文化为核心，吸收了民俗文化、地域文化，融合了现代发展的体验文化、情景文化等，加强了生产文化的主观创造性和社会影响力，衍生出了绿色生活理念、传统生产文化溯源体验等系列活动。从微观层面上体现在具体的民俗工艺和传承技艺中，祖辈指间灵活的手艺技法，将文化编入器物中，体现生产性景观所涵盖的物质产出与文化韵味。

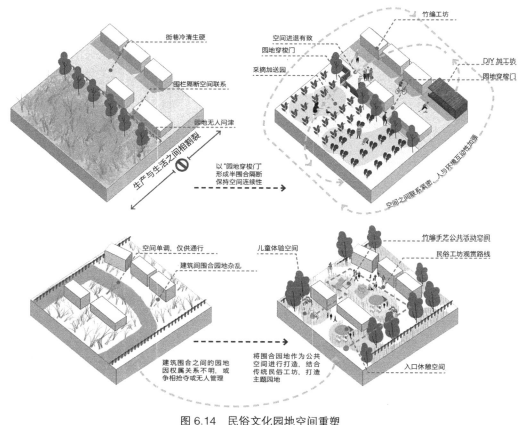

图 6.14　民俗文化园地空间重塑

　　通过对资源的深度挖掘、人群需求的整合，在自然生态探索空间、乡土体验互动空间和民俗文化艺术空间这三个功能区块中对园地生产空间进行了重塑，唤醒不同层面农耕文化的生命力。

　　在自然生态探索空间，将生产与自然生态相结合，营造桃源中"桑竹垂余荫，菽稷随时艺"的农耕文化意境，展现出农业生产最原真的状态。同时结合生产性景观的生态性、社会性、美学性和诗意性，以生产的文化性为主轴，配套发展康养项目，将文化以空间感知的形式传达给人群，实现农耕文化的传扬。

　　在乡土体验互动空间，将生产与体验相结合，使农耕文化体现在具体的农事活动中，以自主耕作、采摘体验和生产交流等形式，打造农耕文化的沉浸式式体验。结合生产性景观的经济性、功能性和社会性，营造桃源中"相命肆农耕，日入从所憩"的耕作生活体验，以注重体验和产品转化的新型生产性景观，加快农耕文化的现代化转译。

　　在民俗文化艺术空间，着重刻画生产与文化和艺术之间的关系，发掘乡里民间最淳朴的手工艺作品背后的文化特色，将手艺工坊空间作为生产文化活态传承馆，使村民对生产文化更自信，复原桃源游记中"童孺纵行歌，班白欢游诣"[2]的民俗生活氛围，加深乡村游客对乡村生产文化体验的广度和深度。

# 第 4 节　园地生产性景观营造模式

## 一、选取研究场地

### 1. 村落概况

浙江省杭州市富阳区的大章村位于常绿镇东部。作为富阳的东南门户，大章村东接萧山，南连诸暨，距离富阳城区 20km，距离萧山塔楼镇 8km，距离诸暨应店街镇 7km，是一个三地交界的边沿古老村落（图 6.15）。大章村自南宋建村至今，章氏子孙在这片土地上繁衍生息，村民们一直保留着农业耕种的生活习惯，传统的农作方式兼顾自产自食与自产自销。生产农业用地环村落分布。

大章村村域面积广阔，周边山体环绕，南北溪水从村中穿流而过（图 6.16，图 6.17）。南宋时期，先人顺应地势环境特点，在群山中心择平地之处建村。清代至民国时期，村落繁盛发展，以老村内祠堂为中心，村落范围逐步向南北纵向延伸。从中华人民共和国成立至今，村落形成了以老村为中心向四周发展的稳定格局。

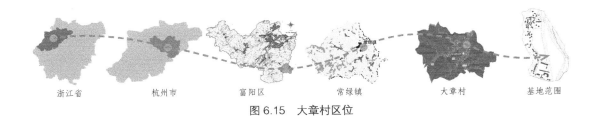

图 6.15　大章村区位

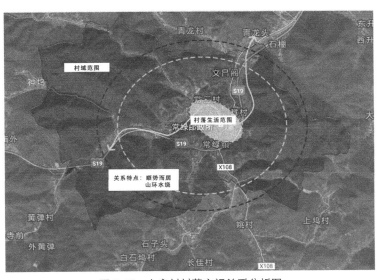

图 6.16　大章村村落空间关系分析图

| 南宋 | 明清 - 民国 | 中华人民共和国成立至今 |
| 山环水抱，中心建村 | 祠堂为心，南北延伸 | 老村为心，四周发展 |

图 6.17 大章村村落发展空间演变示意图

根据村内发展历史痕迹遗留情况，自然形成了老村生活区、新村居住区、公共服务设施配套区三大类区块。目前的状态是各个区块间相邻而置，串联形成线性发展走势，但彼此之间关系单薄，联系性不强。设计基地位于大章村东北方位，南北皆靠山体，竹林茂密。北面山体附近的民居建筑沿地形逐层分布，南面山脚下北溪流淌，道路从园地中穿行而过。设计基地方位整体顺延村庄未来发展方向，将完善村落发展格局，逐步形成以设计基地为活力源点，串联老村、新村、公共服务配套区三大区块，以点带面，形成全村内功能互补、资源共享、借力发展的势态（图 6.18）。

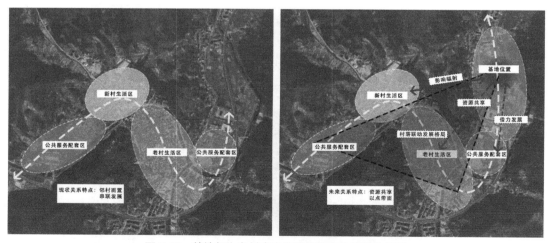

图 6.18 基地与大章村未来发展格局变化关系分析图

## 2. 研究场地界定

基地内涵盖了民居建筑、生产园地、竹林、溪水四类景观，其中生产园地用地面积占基地面积的 42%，水系溪流占比 8.2%，民居建筑占 28.68%，其余为竹林与道路用地（图 6.19）。

根据本章第 1 节中园地空间类型的梳理，大章村共有独栋院落周边园地、多栋建筑

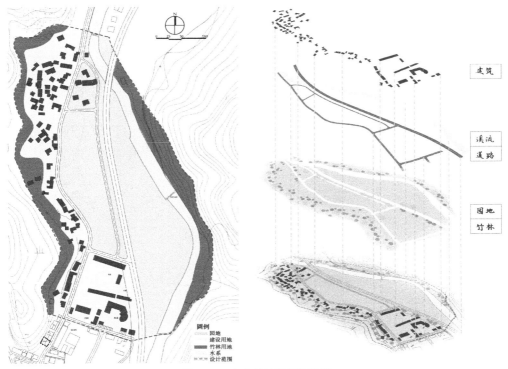

图 6.19 大章村基地用地现状

围合园地、街巷建筑围合园地和带状建筑区临靠园地四种类型。四种类型园地在基地内的分布情况如下图（图 6.20）。

### 3. 景观空间剖析

（1）基地整体环境

整体环境：基地内建筑主要以新民居建筑为主，包含了个别历史建筑，还有常绿车站、常绿幼儿园等公共建筑，建筑整体风貌与传统村落风貌冲突。水系沿基地而过，部分水面干涸，河床裸露。基地内大片区域目前属于荒废状态，只有少数村民自主开垦种植蔬菜，生产前景可观。

基础设施：大章村内目前基础设施普及，而且已经较为完善，但基地内目前缺少管理，杂草丛生并夹杂着村民自主开垦的菜地，基础设施功能性薄弱。

用地性质：基地为农业用地，目前主要以村民种植的时令蔬菜为主，满足日常需求的同时可进行农产销售。

（2）园地景观梳理

根据实地调研，大章村园地植物景观从层次上分为低层地被类、中层株植类和高层乔木类（图 6.21）。

低层地被植物呈面状分布，纵横交错，部分土壤裸露，垃圾随意堆砌现象严重；中层株植类植物呈点块状分布，植被杂乱，部分植物倾倒，视线受阻，景观缺少通透性。

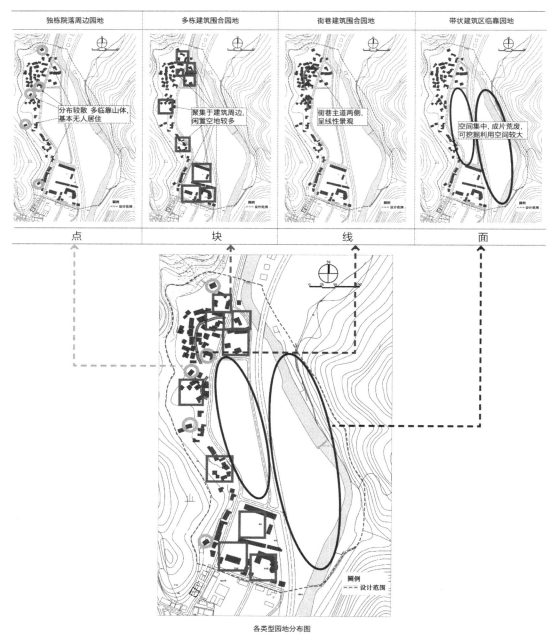

各类型园地分布图

图6.20 大章村4种类型园地分布现状

高层乔木植物多数位于道路边缘呈带状串联，形成园地的天然软质屏障。

（3）水系景观梳理

基地内水系西临生产园地，园地内农作物丰富，四季都有产出，内有鸡鸭等共养生物，作物和家禽都是村民自主圈养种植，土地利用率较低，闲置土地荒芜化；东临山体竹林，竹林资源丰富，竹笋种植繁茂，山体景观连绵（图6.22）。

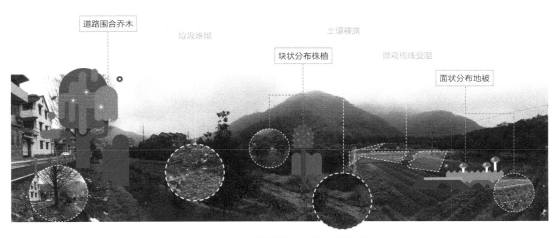

图 6.21　大章村基地园地景观梳理

图 6.22　基地水系景观梳理

　　溪流宽度约 17~20m，溪水为园地灌溉的主要取水点。但水系污染较为严重，村民的生活污水和周边工厂污水都直接或间接地排入溪流中。河岸边生活垃圾和建筑垃圾堆砌，导致水系环境恶化，生物逐渐减少。水系驳岸采用硬质水泥浇筑，虽然加快了水流速度，但是不利于动植物生长繁衍，扼制了生物多样性，影响了生态循环和环境可持续发展。

　　（4）建筑景观梳理

　　基地内建筑多为 20 世纪 80 年代后二层民居建筑和手工作坊，还有幼儿园、车站、卫生院等公共建筑，建筑色彩纷杂，与村内明清古建筑风貌冲突明显。其次，木构建筑与砖混建筑混杂，还有部分违章搭建建筑，导致街巷空间道路狭窄，空间韵律感丧失。再次，由于村内重点劳动力外流、宅基地变更、老宅年久失修等原因，使建筑闲置荒废现象普遍。最后，村民养殖的鸡鸭等家禽笼舍多位于建筑周边，家禽粪便污染村庄环境，也影响了街巷的通行（图 6.23，图 6.24）。

　　（5）小结

　　基地内景观类型丰富，包括竹林、生产园地、溪流、自然环境基底丰厚。物质景观

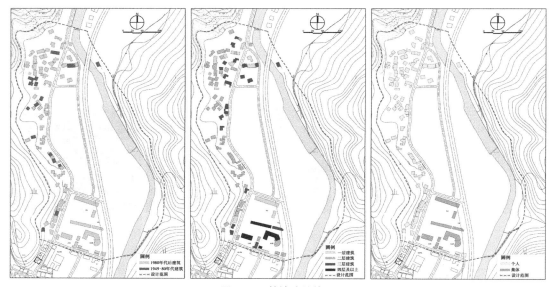

图 6.23　基地建筑梳理

图 6.24　基地建筑景观梳理

包含了民居建筑、公共建筑、植物景观、农产景观；非物质景观包含了民居手工艺生产景观、民俗文化景观等。但景观环境现状欠佳，在一定程度上都存在"轻污染""荒芜化"等问题，各类景观元素之间的关联性较低（图 6.25）。因此，在进行大章村园地生产性景观营造时，应注重挖掘山体竹林景观的渗透力和滨水景观的活力，使其与民居建筑、生产园地形成联动的乡村生产景观面貌。

### 4. 问题归纳与总结

#### （1）资源闲置

园地土地资源利用不当，"圈养地"、抛荒地、闲置地较多，外村人来村内自主耕种现象普遍。还存在土地过度消耗、土地利用率低，四季轮作不成循环等问题。资源环境逐步恶化，导致土壤养分失衡、土壤病原物积累、土壤生态恶化，不利于土地的自我修复，使传统园地逐渐从肥沃步入荒芜凋零。建筑资源大量闲置，部分作坊规模小、环境差，不能与生产性景观形成联动，缺少承载生产性景观衍生产业的空间。水系资源环境污染严重，驳岸硬质、生物环境恶劣等问题凸显，急需以生态景观营造为路径缓解环

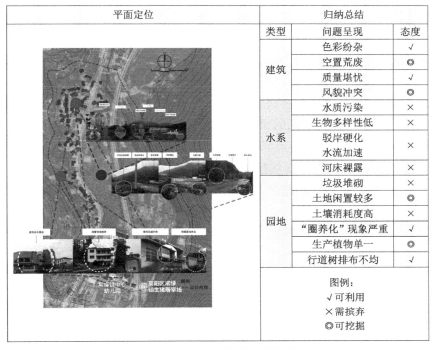

| 平面定位 | 归纳总结 | | |
|---|---|---|---|
| | 类型 | 问题呈现 | 态度 |
| | 建筑 | 色彩纷杂 | √ |
| | | 空置荒废 | ◎ |
| | | 质量堪忧 | √ |
| | | 风貌冲突 | ◎ |
| | 水系 | 水质污染 | × |
| | | 生物多样性低 | × |
| | | 驳岸硬化 水流加速 | × |
| | | 河床裸露 | × |
| | 园地 | 垃圾堆砌 | × |
| | | 土地闲置较多 | ◎ |
| | | 土壤消耗度高 | × |
| | | "圈养化"现象严重 | √ |
| | | 生产植物单一 | ◎ |
| | | 行道树排布不均 | √ |
| | 图例：<br>√ 可利用<br>× 需摈弃<br>◎ 可挖掘 | | |

图 6.25　基地景观问题归纳总结

境问题。面对村内大量的存量空间，需以生产性景观作为切入点盘活空间并进行创新性运营。

（2）人群活力衰减

村里大部分村民选择外出务工，村内留守的多为老人、儿童及少部分中年人。人口流失背后显现出乡村突出的两大问题，一是传统农业生产收支失衡，矛盾突出。相比乡村面朝黄土背朝天的辛勤耕种，村民更向往现代化生活环境，由此也加快了农耕文化的流失。二是乡村现有的功能空间已经无法满足人们多样的生活、生产需求。因此，在现有空间资源条件下，通过还原农业生产情景和拓展空间功能，达到吸引乡村村民回巢、城市人群流入的目的。

（3）生产搁置

现状园地生产空间环境杂乱，农作物与植物种植均为自主种植，不成规模，种植区域划分混乱。由于大面积土地的荒废，生产空间也成为生活垃圾、建筑垃圾的堆积地，无人管理，杂草丛生。传统的生产性景观场景已然无存，新型的生产性景观无根可溯，农副产品带来的经济性也一同消失。

（4）农耕文化稀释

由于乡村人口的大量流失，乡村资源的闲置，生产空间被侵占或荒废，导致传统的生产景观风貌无存，加之城市文化对农耕文化的冲击，以及村民对自身乡村文化的否定，使农耕文化因缺少物质载体和人脉传承而逐渐消逝。

## 二、设计概念

### 1. 文化理念"天圆地方"

以农耕文化为基底的大章村，历史上依靠农业生产和手艺加工成为富阳、萧山、诸暨相交地带的商埠重地，繁荣一时，村落历史文化积淀丰厚。而在传统文化认知中，"圆"无处不在，更是传统文化的象征。古人认为"天圆地方"，天地有大美而不言。圆，更是代表了自然运动，从终点回到起点，也象征着循环。这种理念与自然规律相契合，完成年复一年物质产出与自然反馈。因此，本章以"天圆地方"作为文化理念导入，营造生产性景观的复合意境。"天圆"即自然生产带来的生态循环，农作耕种背后展现的人情团圆以及民俗地缘；"地方"即以乡村园地生产空间为载体，探索地域性的生产性景观营造方法，营造回归土地、敬畏自然的野生智慧生活方式，形成独具地方特色的桃花源乡村景观。

### 2. 设计理念"生产+"

农耕文明中，生产是亘古不变的持续性活动。日升而作，日落而息，是传统田园生产的生活规律，但背后蕴藏的更是人与自然间的契约性。生产在当前浙江山区乡村语境下，体现的不仅仅是农业生产，更是文化生产、生态生产以及第一、二、三产业之间的融合发展及新型产业的开发。"+"不仅是两数求和，更是多维度的聚力与创新，以保持更新的方式来实现各方面之间的相互连接、吸收、融合和交错，将未来的无限可能蕴藏其中。

通过前文对基地现状的梳理，本设计对乡村园地现状资源进行分类，梳理出不同区位园地空间的独特景观，总结出人文自然园地、生产互动体验园地、民俗主题情景园地三类营造模式（图6.26），以带动乡村传统产业的更新和农耕文化的延续。

于自然生态园地中，结合良好的自然生产资源，介入"生产+生态""生产+教育"的思路，发挥生产性景观的经济性、生态性和社会性，实现物资产出、衍生产业、品牌效益带来的经济回报；生态涵养、生态屏障、生态调节带来的生态友好；以及科普探索、推广宣传带来的社会传播力。在基于原住民生产生活优化的基础上，拓展生产的隐藏价值，展现生产性景观自身蕴含的生态"田园"活力。

于互动体验园地中，基于农业生产要素产出，介入"生产+休闲""生产+体验"的思路，发挥生产性景观的经济性、社会性、美学性和诗意性，延伸乡村产业，以三产融合促进美丽经济的提升。开展特色风土种植体验以及展现生产性景观美学的乡村休闲活动，品味农业生产以及植物承载的文化寓意，感受乡村环境的原真性，展现生产性景观孕育的互动性"地缘"魅力。

于主题情景园地中，以乡村生产文化和植物艺术为线索，介入"生产+文化""生产+艺术"的思路，串联起乡村农耕文化和生产艺术、植物艺术，发挥生产性景观的经济性、美学性、社会性、功能性和诗意性。通过打造乡村农产品牌，增收节支；拓展民俗文化场景化，唤醒农耕文化活力；实现乡村历史传承活态化，加深社会乡村文化影响

图 6.26　设计概念模型

力。通过手工艺制作原料现场取材加工，将乡土文化注入物质载体中，实现生产功能性的二次嫁接。恢复民俗作坊的生产情景，艺术处理后赋予植物丰富的寓意，打造乡村诗意的生产文化，展现生产性景观外延派生的传统"访源"精神。

## 三、设计模式

生产性景观视角下，通过分析生产性景观生态性、经济性、功能性、社会性、美学性和诗意性的特征，秉持与景观生态学、景观美学相结合的营造原则，对大章村基地景观进行地域资源的挖掘和梳理（图6.27）。结合访谈人群需求，将园地划分为注重"生产＋自然生态"的自然生态种植区，关注"生产＋休闲体验"的乡土体验互动区，融合"生产＋文化艺术"的民俗文化艺术区（图6.28）。

　　自然生态"田园"探索区块，承担了集约化、智慧化、现代化的农业生产，是景观从"初感"进阶到"深知"的空间，感知层次由"感"到"观"，也为下一板块的生产

图例

"田园"自然生态生产探索空间
① 园地生产科普坊
② 研学游线
③ 生态循环种植园
④ 园地思考角
⑤ 康养种植园
⑥ 亲水步道
⑦ 园地亲水康养馆
⑧ 田园康养活动区

"地缘"乡土体验生产互动空间
⑨ 农产运输点
⑩ 作物加工坊
⑪ 田野厨房
⑫ 园地骑行道
⑬ 田园剧场
⑭ 自主耕作园
⑮ 民居种植园地
⑯ 常绿车站
⑰ 常绿卫生院
⑱ 生产康养园
⑲ 常绿幼儿园
⑳ 儿童耕作体验园

"访源"民俗文化生产艺术空间
㉑ 民俗竹编园
㉒ 生产艺术体验坊
㉓ 民居园地
㉔ 竹编手艺坊
----- 设计范围

图 6.27　总平面图

体验空间奠定基础。乡土体验"地缘"互动区块，集中了农事体验、农副加工等休闲农业活动，将景观从"深知"递升到实践互动"体验"中去，感知层次由"观"到"触"，也为之后的民俗文化空间铺垫事件性记录。民俗文化"访源"艺术区块，集中展现生产文化、民俗文化和传统工技艺，将景观从活动"体验"提升文化"共鸣"，感知层次由"触"到"思"，以体验性景观层次的加深，完成生产性景观的塑造（图 6.29）。

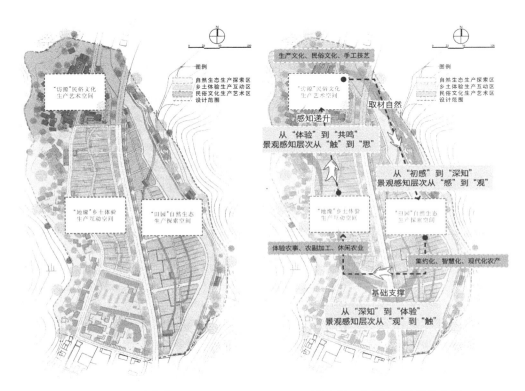

图 6.28　功能分区　　　　　　　　　图 6.29　空间景观关联性分析

　　从乡村原住民角度出发，空间可划分为生活和生产两方面（图 6.30）。村民的生活包含了居住、公共服务，生产包含了农业、服务业、旅游业、手工业。其中，农业生产主要集中在自然"田园"区，可实现农作物的高效产出和与自然生态的良性循环，同时兼顾农业观光和研学。服务业集中在体验性"地缘"区，可将园地网格化管理，租赁给城市居民或供游客体验农事生产，为村民增收。手工业和商业集中于"访源"区，可实现生产后的二次加工和特色产品的在地销售。村民居住空间主要沿山体分布。

　　从游客角度出发对场地空间进行分析，"田园"生态区以观光农业、智慧农业、康养农业为主。"地缘"体验区以休闲农业为主，具有自主种植、收获采摘、田野加工、田园剧场、DIY 创作等多种体验形式。"访源"民俗区以生产文化为主，展现生产情景、品味生产艺术，达到观光—体验—感知的景观体验（图 6.31）。

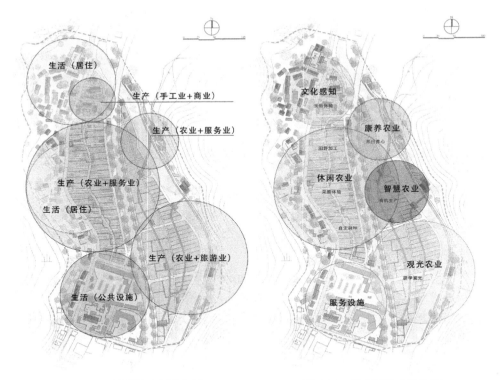

图 6.30　村民活动空间分析　　　　　图 6.31　游客活动空间分析

### 1."田园"模式——生物共养与教育科普探索空间

乡村生产性景观作为第二自然，是人与自然共生的最佳相处方式，所以除生产之外的第一特性就是生态性。生物与生态环境的相处比人类更具默契，动植物之间的共生互补是生产耕作最智慧的选择。本设计以景观生态学和景观美学理论为基础，以完善生产背后的生态循环体系为目的，实施生态监控，营造循环园、科普园、亲水园和康养园，为自然空间注入"三生"活力（图 6.32）。

自然性的内核即生物之间的自生和共生。在保持园地四季轮作种植、选区培育种植、定点检测种植的基础上，对河道进行更新活化，可种植香蒲、水葱、芡实等可净化水质且具有生产性的水生植物，疏松水底土壤环境，为生物营造可繁衍温床，形成水下生态小系统。修补自然环境的同时，促进田野与水生动植物数量自然上升，生物多样性逐步增加，形成真正的以生产性为引擎的"第二自然"生境（图 6.33）。

农作物的种植选配主要以在地性为第一选择要素。根据本章第 1 节生物景观资源要素研究，已梳理出可观可赏、可摘可食的作物资源。如行道树选用野山椒、南酸枣；灌木选用栀子树、两面针等；沿线绿地地被植物选用下田菊、土茯苓、薄荷等；田间进行谷物和蔬果种植，春季可种植芋艿、胡萝卜、白菜、彩椒等；夏季种植南瓜、绿豆、香芥菜等；秋季种植芹菜、蚕豆、番茄等；冬季种植豇豆、土豆等。蔬果大部分可当季收获，满足村民和游客的生活、观光、销售、购买需求（图 6.34）。

"田园"区块中，活动人群包括原住民和游客两类，年龄阶段涵盖了儿童、青少年、青年人、中年人和老年人。在区域自然资源优势突出的环境中，人们在当下的需求可以总结为：游客中的儿童、青少年和原住民中的儿童、青少年渴望探索自然奥秘；游客中的老年人享受自然生活；原住民中的中青年需要进行可持续生产活动。满足以上需求的前提即是生态环境稳定。由此导出参观型空间、体验型空间、交往型空间和活动型空间四种功能空间类型，可建立循环园、科普园、亲水园和康养园四类园地，满足人群活动需求（图 6.35）。

（1）循环园——生态型生产空间更新

从农业生产循环到自然生态循环，通过空间种植区域的规划整理，在生产园地统筹集约种植作物，在竹林发展林下经济进行生态养鸡，实现四季轮作与动植物轮作并行，并在园地中设置生态监控工坊，通过科普园中的研学观察及信息采集，实时对乡村生产生态状况进行记录。

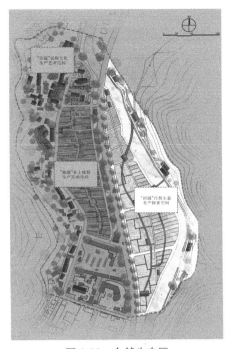

图 6.32 自然生态区

自然生态园地营造中整体遵循原生态规律。首先，通过分层种植蔬果等植物，利用植物根茎和土壤之间的交互作用，实现对土壤的改造和优化。其次，完善水体的自净系统，为水生养殖提供良好环境。与此同时，饲料和植物也可作为清洁能源的原料。由

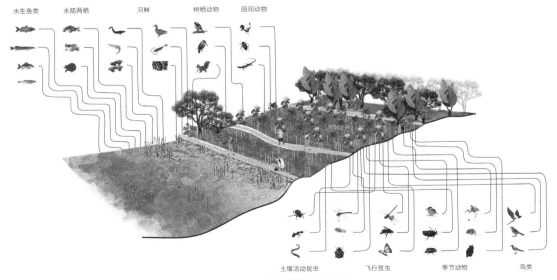

图 6.33 生物多样性分析图

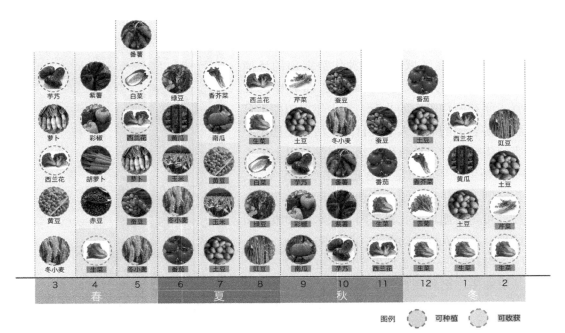

图 6.34　生产作物选择分析图

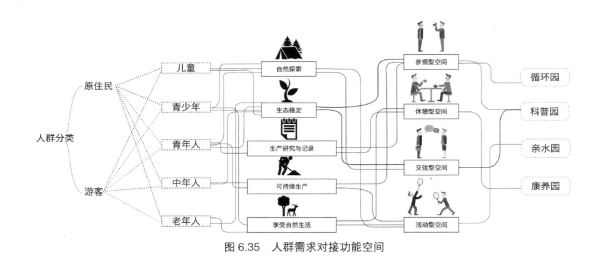

图 6.35　人群需求对接功能空间

此，在实现农业循环的基础上也完成了生态循环的修复，使农业循环与生态循环生生相依，实现生产生态的互哺共生（图 6.36）。

（2）科普园——生产教育研学空间营造

向自然学习是人们永恒的课题，植物的生长历程与背后隐藏的生命奥秘、在生物链规律性下进行的耕作活动以及自然中转瞬即逝的景象，都是科普空间营造中需要重点体现的内容。因此，结合生产资源和人群的研学、探索、记录、观察等需求，在生态生产的基础上，为空间设置了记录观察点、交流思考角。通过设计研学路线串联起所有分布点状停留空间，形成方便人群生活交流的完整环线。还可通过 VR 虚拟展现和互联网"空中园地"等科技手段，将园地中的生物记录入库，建立园地生产性景观智慧库。由此，对原本单一的生产空间功能进行拓展，打造更具吸引力的乡村生产园地（图 6.37，图 6.38）。

（3）亲水园与康养园——生态康养农业空间活化

在城市快速发展、城市污染、食品安全问题突出的现状下，乡村康养热潮促生的养生农业成为新型农业的经营模式。康养园依托自然生态"田园"环境、河岸自然景观资

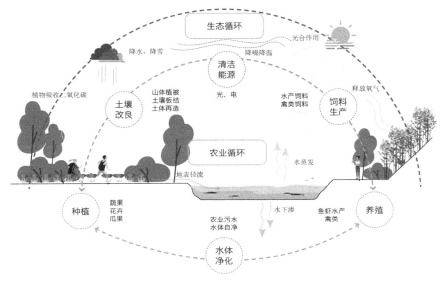

图 6.36　生产生态循环体系

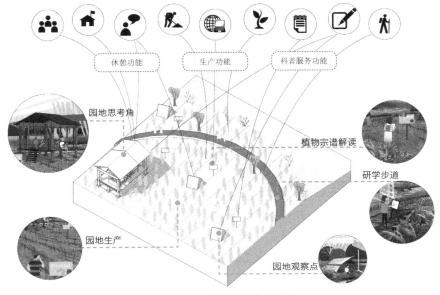

图 6.37　生产科普园功能分析

图 6.38　生产科普园效果图

源，利用起河岸现有闲置建筑，设置田园休憩、生态驳岸、亲子活动和植物疗养空间。通过亲水、养生串联起生态田园中的各板块内容，打造亲水园与康养园相结合的养生农业。

首先，园地生产一侧的溪流是农业灌溉的主要取水点，也是田园生活的主要活动空间。但现阶段溪流垃圾堆积、空间生硬、丧失活力，目前仅作为农业供给场所，而不是乡村景观空间。由此，通过生产性的介入改善水系生态环境，营造由水岸、水边、水面、水底形成的完美共生生态循环系统：岸边乔木类植物为水生植物制造舒适的微气候；水生植物吸收水底鱼虾的排泄物为养料茁壮生长，也为水底生物环境进行了水质净化，提供了栖息繁衍之地；水底生物的活动丰富了水底土壤的有机质含量，为水面植物提供舒适的生长环境。[3]

其次，依据空间活动人群分析，本研究认为该区域内村民的日常生产活动和游客的乐享田园、感受山水的需求可以相融合。因此，在保持生产的基础上恢复生态驳岸，延长研学游线，增设亲水步道，使生产空间与生态驳岸之间有硬质隔断，避免园地中农作物受生物干扰（图 6.39）。其次，设计生产康养花园，将农业生产附带的精神疗养作用放大，强调生产性景观的精神附加功能（图 6.40）。

最后，在河岸另一端依托现有闲置房屋设立田园康养馆，目标客户群面向中老年及白领等"轻养生"人群。将田园山水的"三生"体验转化为物质上或精神上可带走的在地农产品，实现农产品的在地消化和农耕文化的现代化转译。

### 2."地缘"模式——季节耕种体验式乡土互动空间

农业生产性景观作为乡村景观的主要景观元素，包含农作物要素景观、农事生产活动景观、农具展示景观等多种景观类型。除此之外，人处于空间中的体验感也是景观营

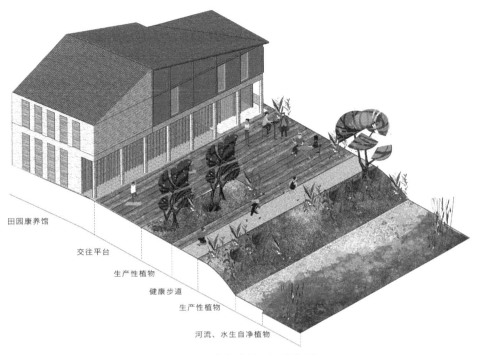

田园康养馆

交往平台

生产性植物

健康步道

生产性植物

河流、水生自净植物

图 6.39 亲水康养园河岸分析

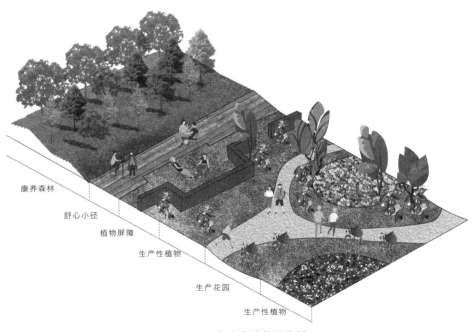

康养森林

舒心小径

植物屏障

生产性植物

生产花园

生产性植物

图 6.40 亲水康养花园分析

造的核心。依据现有物质景观元素和体验式景观层次理论，可将园地按照采摘、生产、加工的过程形成体验游线让游客深入感知乡村生产过程。同时设置"园地穿梭门"，游客能快速穿梭于不同种植园、采摘坊和田野厨房之间，化解大片园地同株类种植时的单一感，实现丰富的观赏效果，使旅游与农业有机结合（图6.41）。通过乡村生产性景观内生式的更新手法，以及农业体验式景观营造的"农事、农作、农活"路径，改善"农业、农村、农民"的发展问题。

"参与到生产中去"是生产性景观在视觉展示后的体验感知阶段。在这一阶段中，依据体验式景观层次、人体感知递升的阶段以及园地生产作物生长的历程，将空间功能划分为体验园、收获园和加工园，使人的情感伴随着作物播种—收获—加工，完成由经历—体验—感受—回想—共鸣的过程，实现乡村生产性景观的深层浸入式营造（图6.42）。

（1）体验园——耕作经历初感空间

乡村生产性景观不仅要体现以展现作物植株风貌、丰收场景为主的传统视觉景观，更应

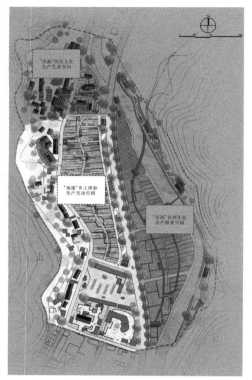

图6.41 生产互动体验区

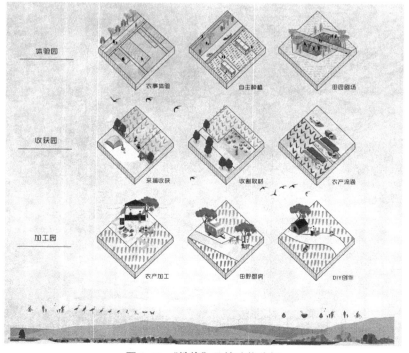

图6.42 "地缘"区块功能分析

在此基础上开展以体验参与为主的新型在地性生产性景观，实现农业生产输出赛道的复合化、产出路径的多元化和农业体验的深入化（图6.43）。

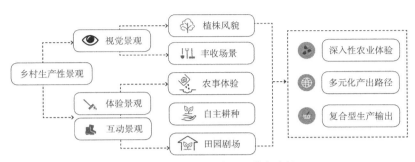

图6.43　乡村生产性景观种类分析

在体验园中设置农事体验、自主种植、田园剧场三个模块，逐步加深游客体验深度。根据园地生产现状，采摘园进行模块化种植，种植南瓜等大章村特色农产。同时，设置采摘休憩坊，进行收发农具和生产教学，使种植区与服务功能相配套，利用园地穿梭门的立面介绍该模块园区中的种植情况和种植方法，让生产科普区的所学所想能在体验园中进行实践。

工业化和信息化时代的来临掩盖不了乡村自然淳朴的魅力，人们回归乡村的原因大多相同。耕种与采摘让游客对乡村的农事活动有了较深入的了解，在体验园结合道路和穿梭门设计田园剧场（图6.44）。将大章村特有的生产文化、传承百年的民俗传统、取材自然的手艺加工打造为小剧场，通过小型公共空间的穿插，增加田野间人群的集聚场地，增添田野活力气氛，使人们与土地的缘分进一步加深，感受农耕文化的魅力与民间技艺的精巧，为之后"访源"区块埋下伏笔（图6.45）。

（2）收获园——丰收互动感受空间

生产性景观引导下的乡村，摆脱了以农业生产为主的经营方式，充分开发利用田园景观资源，结合第三产业，开发农业旅游休闲产业，但景观元素依然是基于四季轮作的

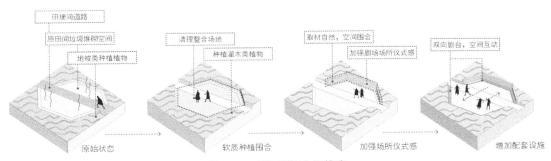

图6.44　田园剧场空间推演

图 6.45　田园剧场效果图

自然生产风景。因此，在该园地中以当地的农业资源为主，在前期游客种植的模块化区域中，挑选成熟的蔬菜瓜果供游客采摘收获（图 6.46）。

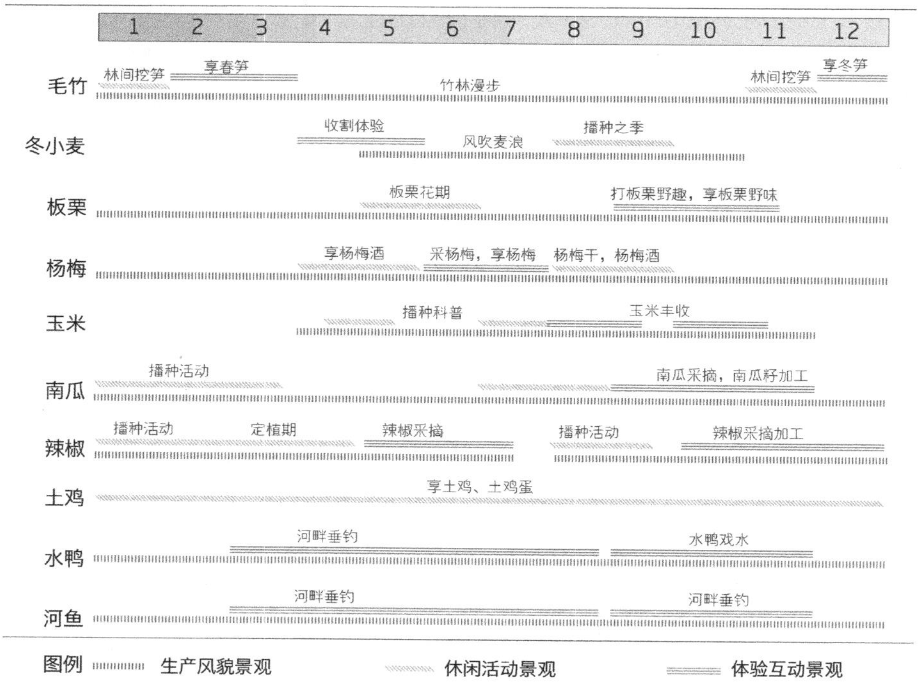

生产性景观休闲年历

| | 1 | 2 | 3 | 4 | 5 | 6 | 7 | 8 | 9 | 10 | 11 | 12 |
|---|---|---|---|---|---|---|---|---|---|---|---|---|
| 毛竹 | 林间挖笋 | 享春笋 | | | | 竹林漫步 | | | | | 林间挖笋 | 享冬笋 |
| 冬小麦 | | | | | 收割体验 | 风吹麦浪 | | 播种之季 | | | | |
| 板栗 | | | | | 板栗花期 | | | 打板栗野趣，享板栗野味 | | | | |
| 杨梅 | | | | 享杨梅酒 | | 采杨梅，享杨梅 | 杨梅干，杨梅酒 | | | | | |
| 玉米 | | | | | 播种科普 | | | 玉米丰收 | | | | |
| 南瓜 | 播种活动 | | | | | | | | 南瓜采摘，南瓜籽加工 | | | |
| 辣椒 | 播种活动 | | 定植期 | | 辣椒采摘 | | | 播种活动 | | 辣椒采摘加工 | | |
| 土鸡 | | | | | | 享土鸡、土鸡蛋 | | | | | | |
| 水鸭 | | | 河畔垂钓 | | | | | 水鸭戏水 | | | | |
| 河鱼 | | | 河畔垂钓 | | | | | 河畔垂钓 | | | | |

图例 ┈┈┈ 生产风貌景观　　╱╱╱ 休闲活动景观　　═══ 体验互动景观

图 6.46　生产性景观休闲年历

生产性景观的种植和养殖种类包含了蔬菜类、果实类、谷类和家禽类。青菜可全年种植，3 月春期和 10 月秋期收获量最高。南瓜作为大章村特色蔬果，果大籽饱，春期种植在 1~3 月播种，秋期种植在 7~8 月播种，生长周期为 4~6 个月左右，期间为生产风貌景观，在 9~10 月收割时可形成休闲活动景观，随后南瓜籽加工可形成体验互动景观。辣椒春植播种期在 1~2 月，采收期为 5~7 月，秋植的播种期在 8 月上旬，采收期为 10~12 月。玉米春、夏两季播种，7~10 月收割。冬小麦 8~9 月播种，来年 4~6 月收割，在夏季可形成风吹麦浪的风貌与体验景观。

果实类园地种植包含了山体种植的毛竹、板栗、杨梅。毛竹林四季皆为生产风貌景观。漫步竹林，1 月、11 月举行林间挖笋体验活动，2~3 月享春笋、12 月享冬笋。板栗可在 4~6 月供赏花，9~11 月举行农业体验活动，享受林间打板栗的野趣，品尝山果。杨梅树 6~8 月产杨梅果，8~10 月享鲜杨梅干，来年 4~5 月品杨梅酒。体验互动景观的组织将游客参与收获的农产完成在地输出，实现乡村农业产业的更新转化。

家禽类包括土鸡、水鸭、天然的河鱼，乡村田间动物是维系生物平衡的重要组成，也是体验乡村生产活力的主要元素。因此，可于 3~8 月定期举行河岸垂钓、感受水鸭戏水等体验性景观活动，展现乡村生产性景观更多元的活力。

收获园为游客提供了现场采摘体验，同时也设定了 3 小时新鲜圈，以大章村基地为中心，辐射周边包括杭州萧山、诸暨、绍兴在内的区域，提供线上下单，特色蔬果快送。同时，在民俗节日时期，根据村内的特色种植，配送节日礼盒，打响大章村农产品（图 6.47）。

图 6.47　实时收获效果图

（3）加工园——作物加工衍生空间

乡村园地生产性景观的营造不仅仅在于感受体验景观、互动景观，更在于农业物质产出之后的经济转化，完成农产品的在地消化，使村民的收益最大化，实现乡村传统产业的更新，塑造农旅、农产品牌。

在加工园中设置田野加工盒子、田野厨房、DIY加工坊三部分内容，从"简加工"到"精加工"再到"自加工"。根据行走距离和制作工序，设置体验空间大小，缩短从"田间"到"舌尖"的距离。田野加工盒子制作材质为本地特色毛竹，取材自然、可拆卸重组，可移动更替。加工盒子老化的构件可作田埂间特色铺装。可在田野间进行即食型农产品的简单加工，如番茄、黄瓜、彩椒、青菜等。田野厨房为可移动加工餐车，根据季节的变化放置于不同园地生产模块中，为游客提供新鲜采摘的精加工农产。同时，田野厨房设置垃圾分类回收点，将垃圾进行分类回收，食品垃圾可作为动物的饲料或田间作物的养料，其他垃圾分类处理，保持园地的生产环境。DIY加工坊作为农产伴手礼的自主创作点和销售点，在生产园地体验接近尾声时，可将田间所产的原生态农作物以伴手礼的形式出售，使游客不仅能在地品尝，也能在家品尝。利用旅游客流将农产带出乡村，扩大农产品的影响力范围、加深影响深度（图6.48）。

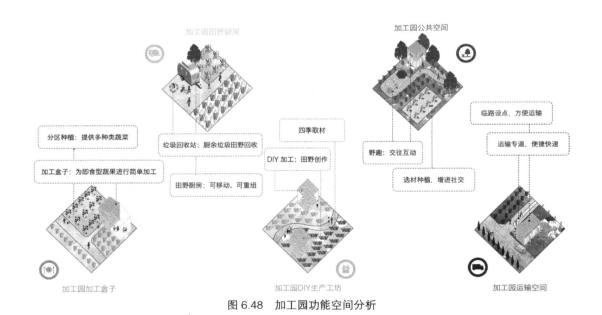

图6.48　加工园功能空间分析

### 3."访源"模式——民俗文化与生产植物艺术空间

生产性景观不仅挖掘农业的物质产品，还在于探索其精神产品。[4]对农业生产的认识从空间行为体验开始逐步上升至空间文化感知。以营造主题情景型生产性景观为载体，针对游客人群，将民俗生产活动、植物文化、传承千年的农耕文化和匠心独运的手艺文化与艺术互动体验相结合。通过对闲置房屋的利用，形成具有体验性、互动性及艺

术性的农耕文化传播空间。区块内主要包含民俗
园、情景园和艺术园（图 6.49）。民俗园主要为民
俗竹编园体验、生产工坊展示、民居建筑参观三
部分，将游客带入到生产文化的语境中。情景园
主要包含生产情景参与、植物文化情景展现和生
产故事讲述三个模块，为之后的艺术园作场景感
知铺垫。艺术园即在深入了解生产文化、民俗技
艺之后，对传统技艺进行艺术化加工，包含手工
技艺、民俗艺术和民俗文创品牌推广模块，完成
生产文化的艺术渲染。

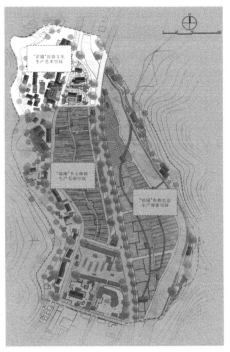

图 6.49　民俗文化艺术区

　　在整个民俗文化艺术园地中，通过重拾村内
的传统文化和民俗技艺，在尊重和保持村落内生
的生活秩序、不打扰村民生活的基础上，丰富村
内原本单一的人群活动，处理好村落的动静关系。
在晨间，鸡鸣犬吠的生机唤醒沉睡的乡村，游客
上午以生产文化、手工艺文化参观为主，下午以
品味文化、参与文化活动为主。而村民作为文化
的展现者和服务者，需要更多的机会来传扬乡村
文化。多项文化产业的开展产生了若干工作需求，为村民带来更多的经济收入。晚间定
期举办乡村"田野狂欢"，通过文化创作的方法，将活力的艺术氛围和文化意境带入乡
村田野中（图 6.50）。

图 6.50　"访源"区人群活动分析与预期活动行为分析图

（1）民俗园——生产文化认知空间

在乡村农业生产延绵的过程中，伴随地域环境，社会民俗、生活习惯的磨合，形成了地方特有的生产文化、生产方式和生产技艺，其中不乏利用自然原料进行加工而成的生活用品。在大章村，竹编就是农业生产的衍生物，是乡村文化、民风和精神的缩影。但伴随着城镇化浪潮推进，工业产品代替了传统手工产品，传统的竹编手工艺品逐渐被淡忘，传统的手工竹编技艺正在逐步消失。对此，本设计利用村内闲置的独栋院落建筑和园地空间，改造为集加工、参观、体验、售卖、休闲为一体的民俗竹编园，形成围合感较强、浸入体验感较深的民俗文化空间（图6.51）。

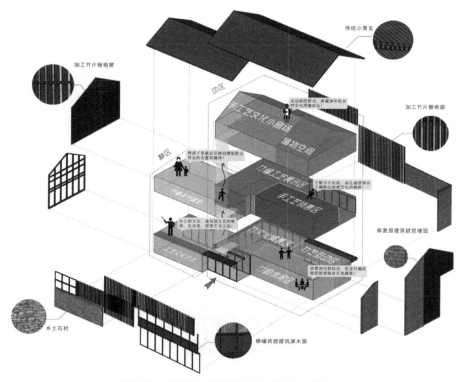

图6.51 "访源"民俗竹编馆建筑功能分析图

首先，对闲置建筑进行空间整合。按手工艺文化综合体的定位，将建筑体块进行动静分区，室内进行分层。动区内第一层作为竹编文化的初试体验空间，设置竹文化情景区、竹艺互动区和竹韵休闲区，通过整体氛围的营造，强调空间的文化属性，短时间内将游客从田园风光带入到民俗艺术中。动区内第二层作为竹编工艺的深入展示空间，分为展示区和手工艺品销售区。游客在充分了解竹编手工艺文化后才能被激发起购买产品的热情，将乡土文化带出去，扩大乡村文化知名度，同时提升乡村绿色经济。动区内第三层作为手工艺文化空间，通过定期举办小型话剧活动，吸引周边人群客流涌入乡村，提升乡村自身魅力值。同时，静区内建筑第一层作为工艺文化沙龙，第二层作为竹编亲子课堂，以艺术、教育和文化为软实力，融和助力乡村发展。

其次，对建筑立面进行改造。运用乡土材料，在保留原材料的基础上，修复破损墙面和破漏屋顶。修缮原有建筑的木窗、传统建筑构件等元素，尊重建筑原生性的同时，也增加了竹编馆的历史氛围。使用加工过的竹片作为外立面装饰材料，与内部展陈内容相呼应，强调建筑的主题。

最后，对院落园地进行景观提升。借助"地缘"区块的田野景观作为远景，与园地内的生产性景观相串联，以竹编产品的展示作为静态景观，以匠人们的生产活动作为动态景观，形成丰富的景观层次（图6.52）。

图 6.52　"访源"民俗竹编馆效果图

（2）情景园与艺术园

根据体验式景观的特点及人体感知层次的递进规律，对景观进行参与、娱乐、体验之后情景化改造，使游客对之前参观过的景观产生无限回想，从而加深对生产性景观感知。因此，情景园作为大章村生产性景观的尾声，园地中应对之前的景观进行多种形式的复现，包含了农事加工参与、农耕文化情景和生产故事讲述三个模块，情景交融，承前启后，完成景观层次的递进。

根据人群需求和景观资源分布，选取一组多栋建筑围合园地，对空间进行整体梳理（图6.53）。首先，对民居建筑组团中的行为流线进行梳理，拆除临时建筑和破损构筑物，形成顺畅的空间流线，同时打开组团入口，提高空间开放性。其次，通过流线的布置串联起建筑空间，将民居建筑中功能混乱的细碎空间进行整合，形成整体的功能体块。最后，结合流线分布和功能区块引导，赋予建筑内部空间以新的功能和形式。在多栋建筑围合而成的园地景观营造中，以目标人群的活动诉求为依据，植入与建筑相配套的功能设施，同时以建筑本体为界，营造多层内外部景观，以生产情景复现为景观基

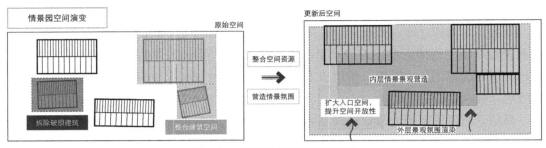

图 6.53 "访源"情景园更新演变

调，加入农具设施，形成观赏、互动、参与集一体的景观，与"田园"和"地缘"中的
生产性景观相呼应，实现景观层次的丰富和氛围的提升（图 6.54）。

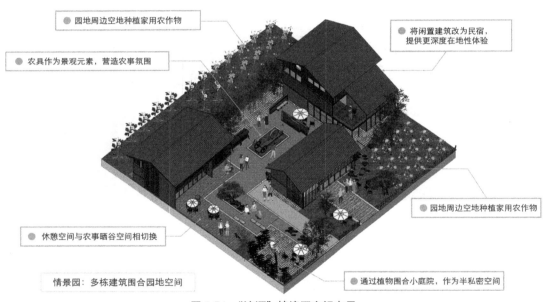

图 6.54 "访源"情境园空间布局

园地中主要分为建筑空间、景观体验空间和生产空间，包含室内外休闲休憩、深度
民宿体验、园地景观互动、农事生产活动参与等功能，为游客提供整体而深入的农耕文
化体验（图 6.55）。

情景园景观营造的核心是将游客带入到生产情景的氛围中去，将生产过程中积淀的
文化符号进行提取，以景观情景的形式进行呈现。根据农业生产加工的流程，在进行
播种、耕种、灌溉、采摘等生产种植活动之后，村民在家中对农作物进行加工。以农事
活动中所涉及的农具作为造景元素，介绍农产品制作的过程，还原生产场景，配合大章
村特色传统糕点——花粿的制作流程图作为墙绘，为景观空间增添浓厚的民俗氛围。同
时，在每组农具边设置讲解和体验小课堂，鼓励游客参与体验生产活动，使游客能在休

图 6.55　"访源"情境园空间分析

闲娱乐的过程中认知传统农耕文化的智慧与奥秘（图 6.56，图 6.57）。

　　传统乡土文化与文创碰撞所产生的火花将在生产艺术园中得以展现，村内丰厚的文化资源是推动乡村发展的重要力量，是传统产业在地化更新和转型的主要创新途径，更是激活村内绿色经济的主要支撑。因此，艺术园营造的核心在于将之前所有的生产体验和文化体验进行融合，达到景观中的共鸣与共情（图 6.58）。

　　乡村文创品牌的塑造是形成独特文化 IP 的重要手段，通过整理大章村内的各类文化产品资源，将原生农产品、竹编手工艺、常绿板龙民俗、常绿纸伞手工艺和传统花粿烹制工艺作为打造地域文化品牌的发展基础。依托村内优越的文化底蕴，以《中国传统工艺振兴计划》的政策支持和乡村文创发展的市场导向作为发展支撑，结合村内资源现状和文化认知度，以创新产品类型、拓展客户群体、丰富传播形式和实现品牌塑造作为发展策略，设置大章村艺术馆，将生产文化以艺术化的形式展现给游客。艺术馆集合生

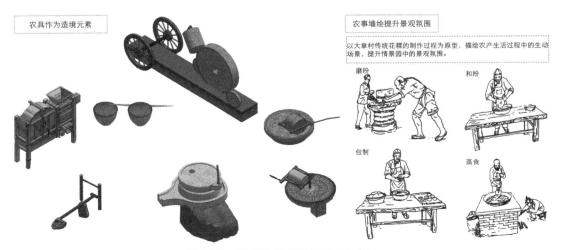

图 6.56　"访源"情境园景观元素分析

图 6.57 "访源"情境园效果图

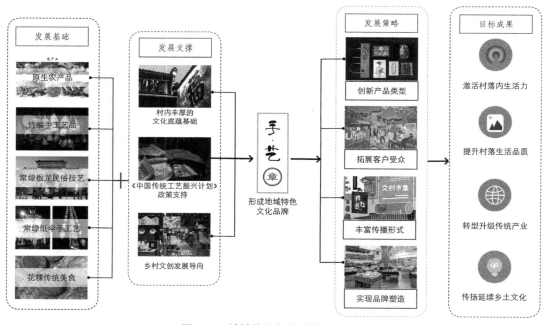

图 6.58 地域特色文化品牌塑造

产、展示、销售、传承和创新于一体，使游客感受到生产活动背后的民间艺术审美以及新时代语境中传统文化的活力。最终达到激活村落内生活力、提升村落生活品质、转型升级传统产业和延续传播乡土文化的发展目标（图 6.59）。

图 6.59　"访源"艺术园效果图

　　园地作为乡村重要且独特的空间形式之一，往往会被规划设计"统筹式忽略"，从而造成空间的闲置或浪费。可这些园地恰恰是反映乡土风情，承载乡村记忆的空间容器。本章聚焦乡村园地空间中的生产性景观营造，运用"天圆地方"的文化理念和"生产 +"的设计手法，塑造以农业生产为主线的，集合生态、文化、教育、体验、产业等多功能、多形式的园地景观空间，助力乡村生态的修复、乡村景观的活化、传统产业的转型。

　　在乡村振兴持续推进、农业农村绿色发展的背景下，生产性景观呈现出多维的景观营造路径，提供了共生共赢的乡村发展策略。本章以人群需求为导向，搭建生产性景观营造设计模型，总结出自然生态型、互动体验型和主题情景型三种可持续、可借鉴的生产性景观营造模式，形成以乡土生产为中心的完善的内生运营闭环，达到乡村资源联动、增加各方人群收益的目的，也为其他乡村园地生产性景观设计提供一定参考。

## 参考文献

[1]　陈昊旭 . 杭州市富阳区大章村园地生产性景观营造设计研究 [D]. 浙江理工大学，2020.

[2]　陶渊明 . 陶渊明集 . 桃花源诗 [M]. 北京：中华书局出版社 .1979.

[3]　陈昊旭，洪艳 . 浙江水乡型乡村生产性景观功能与风貌提升研究 [J]. 大众文艺，2019（21）.

[4]　梁发超，刘黎明 . 农业景观分类方法与应用研究 [M]. 北京：经济日报出版社，2017.

# 第7章

# 农田生产性景观单元营造

农田生产性景观在保障食品供应、维护生态平衡、促进经济增长、传承文化和提高生活质量等方面都具有重要的作用。本章通过对农田生产性植物的功能性、美学性、文化性的本体发掘，以及在景观营造中实用性、生态性、休闲性、审美性、体验性、教育性、文化性等附属价值的衍生拓展，研究生产性景观在乡村农田中的空间塑造力和景观渗透关系，提出可推广、可甄选的乡村农田生产性景观营造模式。最后以浙江山区不同类型的农田作为场地研究对象，总结浙江山区农田生产性景观单元的营造模式。

## 第 1 节　农田生产性景观概念

正如第 2 章所述，本书针对农田生产性景观的定义是主要用来种植粮食作物、蔬菜、药材等经济作物的空间类型。农田在乡村中是农作物生长的主要空间，其规模一般较大，成片状集中分布在乡村宅基地外部。浙江省山区农田类型主要包括：梯田、圩田和旱地。

### 一、农田生产性景观要素

根据本书第 2 章生产性景观数据库，对农田生产要素进行梳理，遴选出适合农田生产性景观应用的动植物门类、生产活动和工具。

**1. 生产植物**

（1）乔木类，包括经济类作物（林果类作物）：沙梨、樱桃等。

（2）草本类，包括经济类作物（瓜菜类作物）：油菜（欧洲油菜）、黄花菜、番薯、花生、马铃薯；粮食类作物：稻、玉米、大豆、小麦、大麦；其他生产资料类作物：向日葵、棉花；经济类作物（药类作物）：马齿苋等。

**2. 生产动物**

农田生产动物包括牛、猪、羊、马、驴、兔、鸡、鸭、鹅、鸽、鹿。

**3. 生产活动**

（1）畜牧农事：活动时间为春分、夏至、秋分、冬至。活动内容为做好畜禽栏舍保温工作，栏舍关闭门窗，挂好草帘，防止寒风吹入。牛、羊等食草动物，要适当补充精饲料和人工牧草，生猪、耕牛都要喂给温水。畜禽舍的消毒隔离，加强畜禽流感及其他疫病的预防工作。

（2）播种：活动时间按作物生长习性。活动内容是将播种材料按一定数量和方式，适时播入一定深度土层中的作业。播种适当与否直接影响作物的生长发育和产量。为提高播种质量，播种前除精细整地外还要做好种子处理，以及劳力、畜力和播种机具等的准备。

（3）灌溉：活动时间按作物生长习性。灌溉原则是灌溉量、灌溉次数和时间要根据药用植物需水特性、生育阶段、气候、土壤条件而定，要适时、适量，合理灌溉。其种类主要有播种前灌水、催苗灌水、生长期灌水及冬季灌水等。

（4）收割：活动时间按作物生长习性。活动内容一般指割取农作物。

（5）开秧门：活动时间为每年 5 月。活动内容为预祝秋季水稻丰收。焚香点烛，放鞭炮，祭土地神，接着全家聚餐，饮开秧酒。然后由德高望重的长者或家长，至水田中插第一棵秧苗，晚辈边唱插秧歌，边插秧，年轻人泼洒泥水，被泼得最多的为吉利。

（6）嘉善田歌，节庆活动。是浙江省的地方民歌，属于吴歌的一个品种，是浙江一种独特的歌谣形式，是过去劳动者寻求慰藉、抒发思想感情的歌声。

### 4. 生产工具

（1）犁头：犁田犁地。

（2）风车：农民经常用它来过滤谷子。

（3）镰刀：每当丰收之时，农民们就会用它去割麦子、稻谷、油菜等。

（4）水车：引水灌溉。

## 二、农田空间类型梳理

### 1. 梯田景观

梯田景观是一种独特的农田布局方式，通常出现在山区或丘陵地带，其特点是将农田分成一系列梯级的台地，以适应陡峭的地形。梯田不仅用于农业种植，在许多地方还成为美丽的风景名胜，吸引着游客和摄影爱好者。在生态生产方面，首先，梯田景观具有明显的地形适应性特征，是一种智慧的土地利用方式。梯田的布局充分考虑了山形地势的特点，通过梯田的构建，可以减少水土流失，提高土地的利用效率。其次，梯田通常采用精细的水利工程，包括灌溉系统和水渠，有助于合理分配水资源，保证梯田农作物的灌溉需求。最后，梯田为动植物提供了栖息地和食物来源，有助于维护生态平衡，同时减轻了水污染和土地侵蚀问题。

在精神文化方面，首先，梯田因为独特的风貌形成了美丽的自然大地景观，在不同的季节，景色各异。这不仅是当地农民传统耕作方式的反映，更是一种古老的农业遗产。慕名前来参观梯田的游客也为当地人带来了一定的经济收入，为农村旅游业和梯田有机农业等带来发展契机。

浙江山区较为知名的梯田包括丽水的云和梯田、临安的指南村梯田、临海的黄坦梯田、永嘉的茗岙梯田、景宁的郑坑梯田、遂昌的南尖岩梯田和仙居的公盂梯田等。这些地方展示了梯田景观的壮丽之美和实用性，为人们提供了与自然和农业传统亲近的机会，也为当地带来了可观的经济收入，带动了产业发展。但浙江山区仍然存在很多拥有梯田资源但并未进行开发和利用的乡村，梯田撂荒、生境破碎、生产性低下是这些乡村的现存问题。通过生产性景观将这些资源激活，发展成带动乡村产业升级的引擎，是乡村利用自身资源完成发展振兴的重要途径。

### 2. 圩田景观

圩田景观是一种特殊的农田景观，利用水系进行田地管理，通过灌溉和排水系统来控制水位，以满足不同季节的农作物需求。在农业生产方面，圩田景观通常包括河流、湖泊、水渠和堤坝等水系设施，这些设施用于调控水位，确保农田得到适当的灌溉和排水，这种水系管理有利于减少旱季和雨季时的农作物风险。常见的农作物为水稻。高质量的水稻也为南方地区的粮食安全提供保障。圩田景观不仅用于农业生产，还提供了重要的生态系统服务。这些水域成为鸟类、鱼类和其他野生动植物的栖息地。在文化传承方面，圩田景观反映了当地农业社会的传统文化，它们通常与中国南方的水乡文化和农耕传统紧密结合。一些圩田地区已经成为旅游胜地，吸引游客前来欣赏这一特殊景观，同时也提供了乡村旅游和文化传播的机会。

浙江山区的圩田景观通常出现在浙江省的山地和丘陵地带，以独特的水稻种植方式和水系管理而闻名。圩田景观的管理需要复杂的水利工程和灌溉系统，以保持水位的稳定。这种景观的保存和可持续发展也涉及生态保护和农村发展的问题。圩田景观代表了中国南方地区农业传统的重要组成部分，也展现了人与自然和谐相处的方式。

### 3. 旱地景观

旱地景观是指不依赖灌溉的农田景观，其中农作物的生长主要依赖于自然降水和土壤湿度。与浙江省的其他地区相比，山区旱地景观通常降水较少，季节性降雨可能不足以支持常规灌溉的农业，农民必须根据降雨情况来安排种植和收获。农民通常选择耐旱的作物品种，例如小麦、大麦、玉米和大豆。这些作物相对能够适应不稳定的水资源。由于山区山势陡峭，山区旱地景观中常见的是梯田农业。农民采取土壤保护措施，减少土壤侵蚀并保护土壤质量，并开发了有效的水资源管理和节水灌溉技术，例如滴灌或喷灌，高效利用水资源。

浙江山区旱地景观通常分布在山脚或山坡地带。保护这些景观有助于保护当地的生态系统和生物多样性。旱地景观不仅提供了粮食等农产品，还有助于保护当地的生态环境。但当前乡村对旱地景观的开发仍依赖于传统的耕作，并未普及套种技术来实现农业的多维度增产，也没有激发其他产业潜能。

# 第 2 节 问卷分析及问题汇总

## 一、田野调查内容及结果分析

针对浙江山区农田生产空间的田野调查，主要集中在农田的种植规模变化情况和动植物套种 / 共生情况及规模两方面，根据结果分析当前乡村农田生产性动植物的整体利用情况。

### 1. 农田种植变化情况调查

农田空间是乡村生产劳作的重要空间，我们针对当前农田种植规模的变化作了具体调研，从种植规模的类型梳理出当前生产性作物种植的主要方式，分析其变化背后的具体因素（表 7.1）。

| 问题 1 | 表 7.1 |
|---|---|
| 农田种植规模（可多选） ||
| A、家庭种植 | |
| B、村民承包 | |
| C、集体种植 | |
| D、其他 | 如：_____ |

此问题有效问卷共计 275 份，涉及浙江山区 275 个乡镇，调研总个案数为 378 个。其中主要为家庭种植形式，个案有 193 个，占比过半（51.1%）；其次为村民承包形式，个案数有 150 个，占比 39.7%（图 7.1）。由此可见，家庭种植依然是农田种植的主要形式，家庭种植能力和生产水平的差异可能是决定乡村农业生产的关键因素。

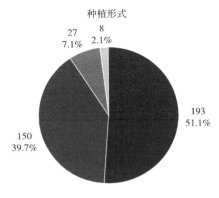

| 农田种植形式 | | 响应 | |
|---|---|---|---|
| | | 个案数 | 百分比 |
| 农田种植形式 | 家庭种植 | 193 | 51.1% |
| | 村民承包 | 150 | 39.7% |
| | 集体种植 | 27 | 7.1% |
| | 其他 | 8 | 2.1% |
| 总计 | | 378 | 100.0% |

图 7.1 农田种植规模情况

### 2. 农田生物套种 / 共生情况调查

乡村农田在城镇化发展过程中受到了各方面的影响，导致规模变化、生产方式变化、土地利用多样性以及生态环境恶化等多重问题。对当前农田动植物套种 / 共生情况展开调查，可以了解当前乡村生产力水平的基本情况（表 7.2）。

问题 2                                                                表 7.2

| 村内主要有哪些套种的作物？（可多选） | |
| --- | --- |
| A. 植物和植物套种 | 如：＿＿＿＿＿＿＿＿＿＿＿ |
| B. 植物和动物共生 | 如：＿＿＿＿＿＿＿＿＿＿＿ |
| C. 植物和菌类套种 | 如：＿＿＿＿＿＿＿＿＿＿＿ |
| D. 其他 | 如：＿＿＿＿＿＿＿＿＿＿＿ |

此问题有效个案数据共计 275 个。植物之间的套种现象数据共 9 个（占比 3.3%），植物与动物共生种类共 19 个（占比 6.9%），植物与菌类套种数据共 1 个（占比 0.3%），其他种类 0 种，无套种的数据共 246 个乡镇（占比 89.5%）（图 7.2）。综上数据，大多数农田中生物之间的套种 / 共生技术还未普及。

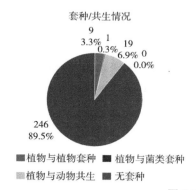

| 农田生物套种 / 共生 | | 响应 | |
| --- | --- | --- | --- |
| | | 个案数 | 百分比 |
| 农田生物套种 / 共生 | 植物与植物套种 | 9 | 3.3% |
| | 植物与动物共生 | 19 | 6.9% |
| | 植物与菌类套种 | 1 | 0.3% |
| | 其他 | 0 | 0 |
| | 无套种 | 246 | 89.5% |
| 总计 | | 275 | 100.0% |

图 7.2  农田生物套种 / 共生情况

## 二、现实问题

综合问卷结果分析：首先，山区乡村的农田种植是以家庭为单位的小规模种植，种植能力较为薄弱，生产结果容易受外部条件影响；其次，农田的生物套种技术普及率不高，缺乏三产结合的农业规划，导致土地利用率较低，农田季节性耕作和撂荒，生态服务系统破碎。总的来说，当前农田生产性景观主要面临以下几个问题：

### 1. 家庭单位生产力脆弱，导致乡村整体生产能力较低

家庭生产力脆弱可能来自多方面因素，例如资源匮乏、技术落后、气候变化等，这些因素综合作用导致了乡村生产能力的下降。另外，经济收入的不稳定也是农田荒废生产力低下的主要原因，市场波动、价格下跌和销售渠道的单薄都使得越来越多的人放弃农业耕作，这进一步降低了乡村农业生产力。综合来说，当前对农田资源的利用和家庭生产技术仍然较为落后，乡村生产性景观有待开发。合理开发利用农田资源，联动发展产业共荣，可以提升家庭单位的生产能力和生产收入，提高农田的单位经济价值，并联合带动乡村其他产业发展。

### 2. 生产套种技术尚未普及，产业融合度低

调查结果显示，农田中大部分是单一的农作物种植，没有套种技术增持，产量完全取决于当季选种的农作物种植情况。这种传统的农耕方式投入高、回报低，且对土地的消耗较大，长久以往容易造成土壤有机质含量低。在调查中，有个别少数套种技术正在实施，主要为植物与动物的套种。比如水稻养鱼、蟹；其次为植物与植物的套种，例如玉米和大豆。但整体上套种实施单位数量和规模较小，套种技术并没有在乡村内普及，套种技术带来的第一、二、三产业的联动发展形式也并未成形。套种产出的农产品主要是就地销售或者周边供货，第二产业销售渠道单一，也没有第三产业延伸，乡村资源开发尚处于单向消耗利用的不可持续阶段。

### 3. 新型生产性景观萌芽，但缺少组织和规划

当前乡村内已经出现了新型生产性景观的雏形，但缺少组织规划，可能会限制其潜力充分发挥。新型生产性景观包括可持续农业、生态农业、休闲农业和生态养殖等系统，这些景观在满足农民生计需求的同时也注重环境保护和可持续发展。它们为乡村地区带来了新的经济机会，并有助于改善农民的生活质量。但在调查中发现，这些新型生产性景观通常是村民自发或者村委会设置的小规模试点，缺乏规划，从而导致景观的无序发展，生产能力和影响能力较弱，无法最大限度地发挥其经济、生态和社会潜力。在新型生产性景观发展中，有效的规划可以帮助农村社区确定最佳景观设计和资源配置方式，以实现农业生产和环境保护的平衡。

## 第 3 节　各项指标判断及对策

### 一、评价指标在农田中的应用解读

依据本书第 4 章生产性景观评价体系中对生产性景观各项指标的评价权重结果，本节结合农业景观的现状调查结果，对各项指标在农田生产性景观中的应用现状进行评价，明确农田生产性景观设计的要点（表 7.3）。

生产性景观特性权重与农田现状评价判断          表7.3

| 生产性景观特性一级指标项权重分析表 | | 山林空间现状调查 | |
|---|---|---|---|
| 一级指标项 | 权重 | 现状问题 | 评价判断 |
| 生态性 | 21.87% | 农田传统耕作使生态透支 | 急需提升 |
| | | 农田撂荒，生态恶化 | |
| 经济性 | 20.50% | 高成本低回报 | 有待提升 |
| | | 产品经济附加值低 | |
| | | 套种技术普及率一般 | |
| 美学性 | 19.64% | 季节性自然大地景观 | 有待新增 |
| 社会性 | 20.43% | 仅有简单的产品类型 | 有待新增 |
| 功能性 | 17.56% | — | 有待新增 |

### 1. 生态性现状评价判断

农田景观中不当的耕作行为会透支生态的自平衡能力，降低土壤的有机性，从而引发系列土壤问题，导致生态的无效循环，所以在农田生产性景观营造中要提升农田的生态功能。农田生产性景观的生态性主要体现在生物多样性，以及土壤质量的养分含量、酸碱度、质地等。农田的生态特性评价体现在水质和水资源管理系统的可持续性、生态系统服务的友好度以及生态恢复措施的可行性三个方面。这些方面的生态性评估和提升可以帮助指导土地管理和农业实践，以促进农田景观的生态健康和可持续性，同时提高生产性景观的生态效益。

### 2. 经济性现状评价判断

农田当前经济性效能较低，传统农耕模式投入高、收入低，套种技术普及率一般，农产品的经济附加值较低，不能同时支持粮食生产、畜牧业、渔业等多种农业活动。因此，当前农田景观的核心设计需求首先是提高农田多功能性，从而提高农田景观的经济效益。其次，也要关注农田的可持续性，包括土壤质量和水资源管理等，有助于降低成本并提高长期经济效益。最后，提升农村经济发展和景观规划水平，推进高效农业和现代化农业设施，并评估土地规划和管理的有效性，确保土地合理利用。综上，农田生产性景观的经济性主要表现在农业产出收益、景观规划的合理性和农田的可持续性。

### 3. 美学性现状评价判断

当前浙江山区的农田生产性景观主要是季相性的大地风貌景观，"风吹麦浪"的场景是生产性景观和文化情景相结合的典型描述。对农田生产性景观的美学评价应从以下几个方面考量：一是季节景观变化；二是植被和生态系统的健康情况；三是农田景观中的文化元素应用，例如农田艺术、装饰性建筑和乡村文化符号等；四是公共参与和社区美化；五是可持续性和生态美学，包括生态系统恢复、自然景观的保护和可持续农业实践；六是地方特色和地域文化，考虑农田景观的地方特色和地域文化，包括当地的传统风格、乡村节庆和民俗文化。

### 4. 社会性现状评价判断

浙江山区农田景观的社会性价值还有待挖掘。农田景观的社会性价值包括农田景观的文化传承，例如农田艺术和乡村传统节庆；农田景观的社会教育和文化贡献；农田的经济社会贡献价值，包括就业、农产品供应、农村经济支持等。农田生产性景观的社会性价值不仅可以让农田景观形成更有活力的产业经济，更可以让受众意识到农业景观的社会传承力和文化感染力，让传统的农耕文化持续闪光。

### 5. 功能性现状评价判断

当前农田的功能性价值还较薄弱，除了传统生产外，还有很多二产、三产功能价值有待开发。一是农产品的其他功能，如文化旅游价值；二是对生态系统服务的支持、调节微气候和生物多样性维持；三是土地保护和可持续管理。综合考虑这些因素可以帮助确定农田景观的功能性状况，从而提出改进建议和政策支持。

## 二、农田景观空间营造策略

### 1. 更新农业种植水平，提高农田生态和功能价值

农田景观空间是农村地区的核心特征之一，它不仅为食品生产提供了基础，还承载着丰富的生态和文化价值。然而，随着城市化的发展，传统的农田景观正面临生态退化、生产功能单一、文化特征丧失等问题。为了提高农田景观的生态和功能价值，需要提高农业种植水平，并制定相应的营造策略，包括农田种植水平更新和农田现状景观更新两方面。

（1）农田种植水平更新

生态保护与恢复：农田景观是许多生态系统的一部分，包括湿地、森林、草原等。通过更新农田种植水平，可以保护和恢复农田生态系统，提高生物多样性，减少土地侵蚀和水污染。

可持续农业：传统的大规模单一作物农业往往依赖于大量化肥和农药的使用，这对环境有负面影响。提高农田种植水平可以促进有机农业和多样性农业发展，减少对化学品的依赖，提高土壤质量。

文化与农村发展：农田景观承载着农村文化和传统，是农村社区的重要组成部分。通过更新农田景观，可以保留和弘扬这些文化特征，为乡村旅游和文化产业提供支持。

（2）农田景观更新

多样性种植：传统的单一作物种植方式应逐渐演变为多样性的农田景观。这包括不同类型的农作物、蔬菜、草本类水果和花卉的套种和轮作种植，以增加生态系统的多样性。

生态廊道：创建生态廊道是更新农田景观的关键策略之一。这些廊道可以连接不同生态系统，支持野生动物的迁徙，提高生态系统的稳定性。

水资源管理：合理管理水资源对于更新农田景观至关重要。包括灌溉系统的改进、

水资源循环的最大化等措施，有助于减少水资源浪费，提高水资源的可持续利用。

有机农业：有机农业强调不使用合成化肥和农药，依赖自然生态系统来维护土壤健康。通过鼓励有机农业实践，可以提高土壤质量，减少农药残留。

农田景观规划：农田景观的更新需要全面的规划。包括要考虑土地分布、生态特征和文化要素，以确保农田景观的多功能性和可持续性。

更新农田种植水平，提高农田生态和功能价值，是实现可持续农业和乡村发展的关键一步。通过多样性种植、生态廊道、水资源管理、有机农业和全面规划，我们可以改善农田景观、保护生态系统、促进文化传承，为未来农村的可持续发展打下坚实基础。这一策略不仅有助于解决当前的环境问题，还有助于提高农田的生产力和农民的生活水平。

**2. 普及新型套种技术，提升农田的经济价值**

农田景观一直以来都扮演着农村地区的核心角色，不仅为食品生产提供了基础，也直接关系到农民的经济福祉。然而，传统的单一作物种植模式在一定程度上限制了农田景观的经济潜力。为了提升农田景观的经济价值，新型套种技术的推广和普及成为关键。新型套种技术是一种以多元化和综合性种植方式为特征的农业模式。它通过将多种不同的农作物或植物在同一块土地上种植，实现资源的充分利用和产出的最大化。新型套种技术强调农田景观的多样性和高效性，普及新型套种技术可以提升农田景观的经济价值，为农村地区创造更多的就业机会和经济效益。

（1）新型套种技术的推广举措

技术培训：为了推广新型套种技术，农民需要接受相关的技术培训。政府和农业机构可以提供培训班和资源，以帮助农民掌握新技术。

资源支持：新型套种技术需要更多的资源支持，包括种子、农药、肥料等。政府可以提供优惠政策和资金支持，以鼓励农民采用新技术。

示范项目：政府和农业机构可以建立新型套种技术的示范项目，以向农民展示其潜力和好处。这些示范项目可以作为农民学习的平台，帮助他们更好地理解和采用新技术。

市场渠道：政府可以帮助农民建立更多的销售渠道，包括农产品市场、超市、线上销售等，这样可以确保农民的多元化农产品能够找到更多的销路。

政策支持：政府可以出台相关政策，鼓励新型套种技术的推广和应用，包括税收优惠、贷款支持、土地政策等。

（2）农田景观套种的经济效应

多元化农产品：新型套种技术可以在同一块土地上种植多种不同农作物，包括谷物、蔬菜、草本类水果等。这样可以为农民提供更多不同的农产品，增加销售渠道，提高经济收益。

风险分散：传统的单一作物种植容易受到天气、病虫害等风险因素的影响，一旦发生问题，农民的经济损失会很大。而新型套种技术可以分散风险，因为不同种类的作物对环境的适应性不同，降低了农田整体减产的风险。

资源充分利用：新型套种技术可以最大化地利用土地和资源。例如，一些作物可以在同一季节生长，而另一些则可以在不同季节生长，这样可以确保土地和水资源的充分利用。

农村经济多元化：提升农田景观的经济价值可以促进农村地区的经济多元化。除了食品生产，新型套种技术还可以为农村创造更多的就业机会，如农产品加工、农村旅游等领域。

新型套种技术是提升农田景观经济价值的关键策略。通过多元化种植、风险分散、资源充分利用、农村经济多元化等方式，农田景观可以创造更多的经济机会和福祉。政府、农业机构和农民应共同努力，推广和普及新型套种技术，以实现农村地区的可持续发展和繁荣。

### 3. 促进乡村六产融合，提高农田社会价值

农业景观除了提供丰富的粮食和农产品，还承担着丰富的社会和文化价值。然而，传统的农田景观通常只强调农业生产，忽视了其潜在的社会价值。为了提高农田景观的社会价值，需要促进乡村的六产融合，将农田变为更多元化的空间，以满足社会和文化需求。因此，应将乡村农业生产与其他第一、二、三产业联动，形成乡村六产融合的发展模式，将农村地区的传统农业生产与现代服务业、文化创意产业、旅游业、研发创新、教育培训等多个领域相结合。这种发展方式强调了农村地区的多元化和综合性，旨在提升农村的综合竞争力，创造更多的社会价值。

（1）乡村六产融合策略

多元农业：推动农田景观的多元化农业生产，包括不同类型的农作物、特色农产品的生产，以满足市场需求。

乡村旅游：发展乡村旅游业，吸引游客前来欣赏农田景观，提供旅游服务和文化体验。

文化创意产业：鼓励农村地区发展文化创意产业，包括艺术、手工艺品、传统表演等，以弘扬当地文化。

教育和培训：提供教育和培训机会，培养乡村人才，促进农村的教育和研发创新。

社会参与：鼓励社会组织和志愿者参与农田景观的保护和发展，促进社会参与。

（2）产业协同发展的社会效应

文化传承：农田景观通常承载着丰富的文化和历史传统。通过六产融合，可以保护和传承这些文化遗产，为社会提供珍贵的文化资源。

社区建设：农田景观可以作为社区建设的重要组成部分。通过发展乡村旅游、文化创意产业等领域，促进社区的繁荣和发展。

社会参与：六产融合可以鼓励更多的社会参与，促进农村地区的社会发展。例如，社会组织、志愿者等可以参与到农田景观的保护和开发中。

农民收入增加：通过农田景观的多元化开发，农民可以获得额外的经济收益，提高

其生活水平，减轻农村贫困。

通过促进乡村六产融合，可以提高农田景观的社会价值。这一策略不仅有助于保护文化遗产，还能够促进社区发展、社会参与和农民收入增加，实现农田景观的社会价值最大化，乡村地区的可持续繁荣。

**4. 丰富农田季相风貌，提高农田美学价值**

农田景观作为自然景观与人工干预的结合，具有独特的美学价值。它融合了大地的自然美和人类的劳作美，代表一种文化的表达和传承。然而，随着农业生产技术的进步，传统的农田景观逐渐受到破坏，失去原有的美感。因此，丰富农田季相风貌成为提高农田景观美学价值的重要措施，使其在不同季节呈现不同的美感，增强农田景观的观赏性和文化价值。

（1）农田季相风貌的提升策略

季节性作物轮作种植：根据不同季节的特点，选择适合的季节性作物进行种植。例如，春季可以选择油菜花，夏季可以选择水稻，秋季可以选择玉米，冬季可以选择紫云英等。

景观设计：通过景观设计，将季节性作物布置成各种美观的图案，如螺旋形、波浪形、主题文字或图案等，以增加美感。

农田休闲区：规划农田休闲区，为游客提供观赏和休闲的场所，同时也为当地居民提供休闲娱乐和农作物展示销售的空间。

文化活动：组织与季节相关的文化活动，如丰收节、农民艺术展览等，以弘扬农田文化。

农田生态保护：保护农田生态环境，减少农药和化肥的使用，确保季相风貌的美感不受污染。

（2）农田风貌提升的美学价值

丰富景观：通过规划不同季节的季相风貌，可以使农田景观在不同时间呈现出多样化的美感，增加了农田景观的丰富性。

传承文化：丰富季相风貌有助于传承农田文化，将丰收、播种、耕作等传统农业活动与美感相结合。

吸引游客：美丽的农田季相风貌可以吸引游客前来观赏，促进乡村旅游业的发展，提高当地的知名度。

提升农民生活质量：通过提高农田景观的美学价值，农民可以获得更多的经济回报，提高其生活水平。

丰富农田季相风貌是提高农田景观美学价值的有效途径。通过丰富景观、传承文化、吸引游客、提升农民生活质量等方式，可以实现乡村景观的美学升级，同时也为农村地区的可持续发展提供新的思路。政府、农民和景观设计师应共同合作，为农田景观的规划和设计注入更多美学元素，以创造更美丽的乡村景观。

# 第 4 节　农田生产性景观营造模式

## 一、文化情景梯田模式

梯田是指沿着山坡开辟的一级一级的田地，每一级梯田都留有足够的水源来灌溉农作物。梯田的生产性景观打造是基于山地的地理形态，在最大化保护原有地形之上，种植具有经济价值的植物，利用植物的季相效果来实现景观的多重价值。[1] 梯田生产性景观不仅在视觉上引人入胜，还代表了当地乡村的文化、传统和智慧，同时在农业和环境保护方面具有重要作用。它们吸引着游客和研究人员，是独特的旅游胜地和文化遗产。所以本研究选取了浙江省温州苍南县灵溪镇东阳民族村为研究场所，根据乡村的地形地貌与生产现状等内容，总结出突出梯田特色地形、展现乡村特色风貌的情景化梯田的生产性景观营造模式。

### 1. 研究场地现状分析

（1）村落概况

苍南县灵溪镇东阳民族村位于华阳社区，因其位于华阳之东顾名东阳村。乡村北靠鹅峰山，南朝将军山，处于群山环抱之中，村内海拔约 300 多米，整村根据山形呈现北高南低之势，大量农田呈阶梯状，分布在山坡之上，另有东阳溪穿村而过，自然资源较为丰富。东阳村是灵溪镇三个民族村之一，其中畲族人口占全村人口的 60% 以上，故称作东阳民族村。每年三月三东阳村就会举办"三月三畲族民俗文化节"活动，尽显该村文化魅力。所以东阳民族村具有独特的种植土地资源与文化资源，兼具物质与非物质开发基础。

（2）研究场地界定及景观空间现状

梯田种植空间占东阳民族村全村总面积的 30%，周边有民居、山林与之相连。此次研究范围共 4.2hm²（63 亩），位于村口，面朝浙江 232 省道，是东阳民族村的形象窗口。场地内有东阳溪穿过，为梯田的种植提供了水源灌溉基础，也形成了"水—山—田"的自然景观格局（图 7.3）。

场地内部山体形状主要呈现东高西低的地势地貌，场地最高点标高为 281m，最低点 272m，高差 9m，东西距离约 338m。虽然山坡坡度整体较缓，但有梯田层层叠嶂的视觉效果。梯田整体形态较为自然，整体风貌较为符合乡村炊烟袅袅、绵延如带的淳朴自然情景。场地内东阳溪蜿蜒曲折贯穿整个场地内部，溪流宽 7m，长 528m。为满足防水泄洪要求而修筑的硬质驳岸，边缘较为生硬且在一定程度上割裂梯田的生态斑块。综上，现状梯田的内部资源类型较为丰富，景观肌理也较为清晰。

（3）生产现状

目前，研究范围内的梯田已经被有效利用，种植了白茶、芋头等经济作物，且已经初具规模，实现了一定的经济效益。并且村内拟建白茶文化园，包括白茶产业基地、白

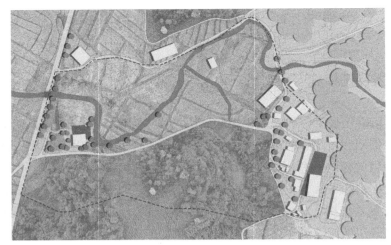

图 7.3　场地界定

茶种植示范基地等多项内容，为农田种植提供了技术支撑与选种引导。所以场地内现已形成自发的生产模式。

（4）文化资源

东阳村民族村是少数民族畲族的居住地，村内 60% 以上的畲族人口都保留着原有畲族的文化传统与生活习惯。每年农历三月三的时期，村内都会举办乌饭节、设立长桌宴、拦门酒、打糍粑等多项民俗活动。村内还随处可见富有畲族文化特色的景观小品与活动设施，充分彰显了乡村的地域文化特色。

综上所述，东阳民族村具有良好自然生态的梯田形态和特色畲族文化，并且村内生产已经初具规模。所以，应利用现有自然资源、经济基础结合特色文化，打造具有地缘特质的梯田生产性景观，让单一空间类型叠加多重效应，发挥场地最大潜能。

## 2. 设计概念

本节以梯田空间为设计载体，结合东阳民族村现状自然资源与文化资源，打造梯田生产性景观。通过分析梯田的空间形态与场地要素，提出"田叠诗画、云飘畲乡"的设计概念，主要以层峦叠嶂的梯田景观融合畲乡文化要素，还原江南传统村落的田园诗画景观风貌，描绘原始乡村的自然情景，增强场地内的审美价值与社会价值，让乡村以乡愁之情营造乡愁之景。

首先"田叠诗画"是指梯田原本就具有的自然形态，是"春光一缕上梯田，胜景无边鸟语天"的诗画情景写照，也是"雨足高田白，披蓑半夜耕"农民辛苦耕种的情景描绘，所以它传达的不仅是自然情景，也是一种耕种文化情景。其次"云飘畲乡"是指畲族特色文化像云飘带一样贯穿至整个村内的发展。所以在整个梯田生产性景观设计中，不仅要关注场地内的梯田地形环境与植物景观的梳理与打造，也要关注乡村畲族文化的串联。

## 3. 文化情景式梯田生产性景观营造模式

根据东阳民族村的梯田现状类型及温州市耕地保护的标准等，我们将梯田空间进行统一的设计和规划，主要围绕区域内部的溪流和梯田，包含农作物种植、畲乡民俗文化展示及休闲娱乐几大功能，以自然景观为依托，在保证梯田农业生产的基础之上，拓展其休闲娱乐价值，让村民及游客能够在此区域内感知多功能的乡村文化情景。

（1）合理划分梯田种植模块

梯田的形成是自然赠予人类的瑰宝。它由自然创造而来，是自然与人类相互作用的产物。所以打造梯田生产性景观时，根据原有山地的地势与等高线的走向，保证梯田间每层田埂面积在 150m² 左右，既保证了作物的连片式生长，又不破坏原有的地形地貌（图 7.4）。在分割每个种植模块时，充分考虑水道灌溉的便捷性，增加经济作物的生产效率。

图 7.4　种植模块划分

（2）选配经济生物

场地位于东阳民俗村的村口处，行驶在村庄外部道路 232 省道上即可看到区域内的梯田景观，所以此场地是展现本村风貌特色的重要窗口。在场地内以突出季相效果为目的来选配经济农作物的种植，让植物在收获季节能带来经济效益，并且在生长过程中也可形成良好的景观效果，形成四季有景、四季有粮的生产性景观效果。

在农作物选配上，首先，沿用当前的梯田种植基础，种植白茶与芋头。此种植已经过村民历年的生产试验，具有良好的经济价值，当地农民具有一定的生产经验，可联动周边区域形成东阳白茶品牌。其次，引进种植具有花期效果的植物品种，如荞麦、油菜、水稻等作物，在花期果期之时，形成梯田花海效果，并且不同种类的农作物色彩相互搭配与呼应，吸引游客，增强经济作物的第三产业价值（图 7.5）。最后，引进植物套种与生物共生技术，提高梯田的生产功能与植物层次。在场地边缘位置，合理搭配植物层次，遮挡局部地块的边缘与河道的硬质驳岸，让梯田空间更有层次感。在植物搭配方面，以植物套种与生物共生的生态性为首要原则，让各生物之间能够相互促进，不破坏

图 7.5　果期采摘场景

原有生态环境。主要选用茶树与橘树套种。橘树为小乔木，不仅可弥补茶树低矮的形态，而且果期在秋冬季，与茶树的春季采摘期相互交错，实现区域内的植物轮种。在局部水源较为充足的地方，进行水稻与鱼类的生物共生共养，拓展农耕的类型，实现双倍的经济价值。

（3）配置文化景观休闲设施

新型生产性景观不仅具有传统经济价值与景观审美价值，更具有社会性与功能性。所以梯田的生产性景观也要关注村民的休闲需求与游客的参与体验需求。结合东阳民族村的畲族文化，将文化注入梯田景观中，并配置文化景观设施，让人更近距离感知梯田所讲述的文化情景故事。文化景观设施的布点要遵循不破坏耕种空间肌理、景观视线良好这两大原则。梯田按照场地空间可分为：梯田上部即场地最高点及梯田河道周边区域两个类型。

梯田上部作为场地的最高点，视线无高大树木遮挡视野，向下俯瞰可一眼尽收全部的梯田风貌，并且能以较宽广的视野看到梯田的周边乡村环境。所以可在梯田的上部空间建立观景平台，在平台上由东向西望去，可以看到村口明显的畲族门头牌坊、场地内蜿蜒的东阳溪、穿着特色民族服饰熙熙攘攘的村民。每年在三月三的民俗活动节之时，可在此区域以特色自然景观为背景，开展畲族文化活动。在开阔的场景之中，感受自然景观与人文景观的交错、景观层次的变化，是讲述乡村地缘文化的最好地点。

梯田河道周边区域具有多层次的自然资源，如田地、水资源等。虽然场地内的河道是以硬质驳坎的形式存在，局部区域在一定程度上割裂了梯田的横向连贯性，但是河道的带状形态还能串联起整个梯田空间。所以改造河道周边的田埂路为游步道，贯穿整个梯田空间，游步道上合理规划具有畲族纹样的城市家具小品，体现畲乡文化特色。游步道的改造一是方便村民的耕种生产，二是游客走在梯田间的游步道上，可缩短游客与梯田的空间距离，让人以梯田景观为背景，成为画中人，并且可近距离的观察到村民的耕种活动，感知耕读故事（图 7.6）。

图 7.6　水稻收割场景

综上，梯田的生产性景观营造模式主要是以特殊的地形地貌所展现的景观风貌为主，并在场地中融合乡村特色文化。通过合理划分种植模块、根据季相风貌选配经济性作物以及建设文化景观休闲设施三个方面，突出梯田的特殊景观属性，形成自然景观与人文景观为一体的情景化生产性景观。

## 二、艺术经济圩田模式

圩田是指通过堤坝、排水系统和水闸等基础设施控制稻田或水田，使农田保持湿润或适度排水，以适应水稻等作物的生长需要。它代表了中国古老而独特的农业传统。这些农田系统的建设和管理需要精心的设计和维护，以确保农田的正常运作和最大程度的农产品产量。浙江素有"七山一水两分田"的地貌特征，所以圩田的生产性景观类型是基于水利系统之上的农田生产类型，具有较强的实践意义。本节选取浙江省建德市大同镇富塘村为研究案例，通过分析场地内部的河流与农田的空间关系以及可利用资源，提供"阡陌交错、艺术田园"的设计概念，总结出集经济农田与艺术农田一体化发展的设计营造模式。

### 1. 研究场地现状分析

（1）村落概况

建德市大同镇是一个典型的农业大镇，该镇以"农业小镇"为主导，同时积极拓展有机茶叶、莲子、吊瓜、西甜瓜等多种农作物。富塘村位于大同镇西南部，是大同镇自来水厂下游的第一村，距大同镇政府 6.5km，交通便捷。辖区内耕地面积约 674 亩，人均耕地面积 0.68 亩。村内历史悠久，宋朝时就有文人任吏部尚书。所以整个乡村农田土地资源丰厚，具有丰富的水资源与文化资源。

（2）研究场地界定及景观空间现状

研究场地位于富塘村的东部，面积约 25.5hm²，约 383 亩。场地东临盘山村民居、西南临富塘村民居，北接山林（图 7.7）。根据建德市大同镇发布的镇域总体规划，研究场地的土地利用性质为基本农田区域，并属于规划建设高标准农田区域。第三次国家土地调查中显

图 7.7　研究场地界定

示，区域内土地较为平整，总体坡度不超过 2°。区域内松溪河流围绕场地，是整个圩田区域主要的排水灌溉系统。

场地内以松溪为水源控制整片区域的灌溉与土地排水，建有与之相连的灌溉渠系统，具有圩田的空间特点。场地灌溉沟渠分布纵横交错，能基本满足场地内部的灌溉需求。[2] 但是调研发现，研究区域内的沟渠存在淤积、堵塞现象，造成灌水不畅的问题，导致区域内圩田无法实现良好运作。区域内田块由于已进行多年的耕作活动，已被划分为较为合适的圩田耕种肌理，所以整个场地内部已经初步展现出了阡陌纵横的乡村生产景观风貌。

（3）生产现状

现状土地利用率较好，种植水稻面积接近 80%，其余少量种植蔬菜、水果。但是现有生产水平不高，土地产出率较低。种植业普遍沿用传统的耕作方式，属粗放型生产，土地产生率相对较低。科技含量较低，栽培管理不规范。项目区内耕地都是以农户为生产单位，规模小而分散，农产品科技含量低，质量不高，市场竞争能力不强。农业生产基本条件一般，农业生产机械化程度一般。灌排功能薄弱的位置土地利用效率不高，急需加大基础设施的投入，以达到灌排顺畅、运输方便、劳动强度小、经济产出高的目的。

（4）现状问题总结

目前种粮效益较低。原因是农村劳动力转移至城市寻找更高收入的机会，导致农村地区的劳动力短缺。此外，农业生产资料如化肥、农药和种子的价格上涨，增加了农民的生产成本，目前每亩种粮的效益可能仅为 300 元左右，而一些经济作物的效益要高出很多，甚至超过粮食的 5~10 倍。

粮食生产的规模通常较小，农田分散，以散户为主。这些农户主要种植粮食作物，如稻谷、小麦或玉米，而不愿意多样化种植。管理方式相对粗放，不追求高产量，因此在市场竞争中缺乏竞争力。

场地内部及周边区域基础设施不完善、服务配套设施不足。排灌渠道老化未得到及时维修，损毁率相对较高。农业服务的配套设施不够，例如缺乏粮食加工和烘干中心，村内农机中心还未建立。此外，科技推广的力度不够，虽然有先进的农业技术，但这些技术未能充分传播到农户，技术的到位率和覆盖率较低。

基于场地内圩田的空间现状与生产现状，我们总结出目前场地内具有种粮效益较低、生产规模较小、基础设施不完善及服务配套设施不足等问题。所以在圩田的生产性景观营造中，应首先对灌溉沟渠进行有效梳理，保证水渠与田块的相互交织；其次通过选择具有高经济价值的生产作物与复合农业，提高圩田区块的经济价值；最后通过艺术化的景观表达，增强粮食作物的审美价值，从而增加乡村的第三产业效益。

### 2. 设计概念

按照"吨粮标准、建管并重、整体提升"的农田种植要求，推动高标准农田建设绿色生态转型，打造"宜业、宜居、宜游"绿色生态田园系统，推进第一、二、三产业融合发展，实现农业绿色供给、休闲体验、生态服务等多功能目标，助力农业农村经济疫后重振与高质量发展。特别是圩田这种具有丰富水资源与土地资源的农田类型，需打造集农业生产与艺术景观风貌为一体的生产性景观。所以本文以"阡陌交错、艺术田园"为理念，指导圩田景观的设计。

"阡陌交错"主要指的是圩田中纵横交错的水渠水系与道路，将农田分割成多个田块，形成一幅以土地资源为基础的大地景观。"艺术田园"指的是阡陌交错的大地景观本身就具有天然的规则式美感，可在种植上进行选种搭配，通过季相色彩搭配与美学图案的艺术设计，展现出更为高级的大地艺术田园风景。所以"阡陌交错、艺术田园"的设计概念，较为全面地传达了圩田生产性景观的美好图景。

### 3. 艺术经济圩田的营造模式

通过对场地内部的现状分析与设计概念解读，将圩田的生产性景观营造模式定义为艺术化圩田生产性景观。首先梳理和规划布局圩田的基础设施，如现状沟渠的清淤整修、破碎田块的空间合并等；其次在现有农业种植基础上，融入精准农业与高效农业，提升农作物的经济价值；最后通过对农作物的季相色彩研究，打造大地艺术景观并植入新型产业功能，丰富艺术化圩田的景观风貌。[3]

（1）布局规划圩田基础设施

首先对现状沟渠进行清淤整修工作，将沟渠内垃圾淤泥进行清理，将破损坍塌处进行整修，保证现状沟渠的水系连通性。其次在灌溉不利的区域新建灌区，使区域内田块都能够享有近距离灌溉的便利。并且合理规划机耕道路，方便日后劳作与生产行为功能植入（图 7.8）。在松溪与场地入口建立水泵房一座，保证场地内部沟渠的水资源充沛。这样合理规划布局圩田的水利基础设施，不仅能使圩田内部水源充足，而且在一定程度上维护了圩田生态环境的稳定性，为提升圩田的经济价值打下良好基础。

（2）优质种植的挖掘及农业种植技术强化

要提升圩田农作物的经济价值，不仅要有良好的生态基底，还要进行优质种植的挖

图 7.8　农田基础规划

掘并加强农业种植技术，才能获得更高的经济收益。

　　首先在农作物选种方面，要以挖掘、保护和开发利用地方特色作物为目标，加强适生区内的种质资源保护，围绕"特色、优质"等目标加速种质创新和新品种选育。以优质、高产、早熟、多抗为要求，选育新品种的玉米（含鲜食玉米）、花生、水稻等。在农作物种植方面要根据土壤肥力和作物生长状况的空间差异，调节对作物的投入，对耕地和作物长势进行定量的实时诊断，并在充分了解圩田生产力变化的基础上，以平衡地力、提高产量为目标，实施定位、定量的精准田间管理，实现高效利用各类农业资源和改善环境这一可持续发展目标。

　　其次圩田内部本身就具有纵横交错的水资源，在选种时实施模式创新，加强主体种植模式的结构优化及区域主导种植模式标准化。利用现有稻田及水利便利，开展稻田养鱼、养虾、养蟹等模式，也可以开展单季稻和草莓交叉轮种模式（图 7.9）。

图 7.9　生物共生共养

最后，推广综合减投、用养结合、农机农艺配套等关键技术。随着工业化、城镇化的快速发展和务农劳力的加速弱化，发展农业适度规模经营已成为转变农业发展方式的现实选择，也是推进特粮特经、多元集约种植的必由之路。在技术创新方面，应以机械化生产、轻简化管理、高效化发展及实现耕地用养结合为目标，加强特经集约种植模式下的配套技术研发。重点在以下四个方面：一是加强条带种植下全程式机械化管理的机械选型配套与新机具研发；二是加强以简轻化肥料管理、化学化植株调控为目标的物化型投入品研发；三是加强以"垄作、覆盖"为特色的高产增效新技术研发；四是加强以鲜食类特粮秸秆饲料化利用为途径的农牧结合、耕层有机培肥技术研发。

（3）艺术种植

圩田生产性景观除了能够供给居民一定经济来源，也具有较高的审美价值。因为场地内土地较为平整，所以视觉上能提供辽阔宽广的景观视野。如果能通过农作物的种植造型搭配出一定的图案肌理，就可以营造视觉上的惊喜与美感。

农业大地艺术通常是一种临时性的艺术形式，艺术家或团队会在田地中安排植物、土壤、岩石等自然元素，创造出巨大的图案或艺术品。这些作物和植物通常会在特定时间内生长，然后在达到适当高度后被收割或整理，以呈现出所需的艺术图案。这种艺术形式将艺术与农业结合，既为艺术创作者提供了一块大型的创作画布，又为人类提供了一种与大自然亲密互动的方式（图 7.10）。所以这种艺术化农田是在保证一产农作物的基础之上，把田园进行艺术化营造，不仅能够增加景观风貌的可观赏性，还可以增加第三产业的收入。

图 7.10　大地景观

综上所述，圩田经过基础设施的规划整理、农业选种与技术的提升，以及艺术农田的打造后，有效地改善了本区域的耕地质量，提高了土地的产出效益，形成稳定的生产能力，做到艺术化展现并实现藏粮于田的生产情景。

## 三、多功能化旱地模式

旱地是指那些缺乏降水或灌溉水源的地区，无法支持大规模的农业生产或植被生长。由于水资源不足，旱地的土壤通常非常干燥。这使土壤中的水分供应非常有限，对于植物生长来说是不利的。所以本节通过分析旱地空间的土地类型，提出旱地生产性景观的开发利用模式。

### 1. 研究场地现状分析

（1）村落概况

浙江省宁波市镇海区的万嘉自然村，西侧为镇海新城区，东侧毗邻镇海老城区，可作为新老城区联系的枢纽。在全面推进乡村振兴的时代背景下，该地具有得天独厚的条件和与周边联动发展的基础。村庄地势平坦，拥有大量耕地、园地等土地资源。

（2）研究场地界定及景观空间现状

本研究场地选择村内水资源分布较少的一片农田，距离居民点较近（图7.11）。由于沟渠灌溉系统的不完善，导致土地资源较为贫瘠。

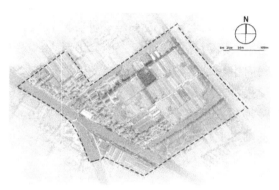

图 7.11 研究场地界定

由于植物季节更替，导致场地内部土地利用率不高，特别是在秋冬季节会出现土壤贫瘠、干旱等状况。在春夏雨季时，场地内虽然种植了一些经济作物，但是种植产业单一，且规模较小，经济利用价值不高。因场地西临居民点，在流线上各场地之间与居民交互较为便捷，但是各功能之间没有形成互补互利的社会功能循环。旱地周边的线性空间、建筑空间等过渡空间植物搭配混乱，也不具美感，影响农田的整体景观风貌。[4]

（3）生产现状

村内的生产活动还是以第一产业种植为主。因村庄距离镇海市区较近，乡村依托周边发展条件已经发展起了现代化农业。目前已建成福田、华京、甬青3号等青菜新品种蔬果技术示范基地，还有黄瓜、西瓜嫁接栽培技术示范基地与喷滴管应用技术示范基地。村内拥有技术支撑单位和专家，比如宁波市镇海区农技总站的孙其林（蔬菜生产）、狄蕊（蔬菜植保）、浙江省农科院蔬菜所寿伟松（蔬菜新品种、新技术引进）等。村内以养殖为辅，还有养鸡场、养鹅场和养鱼池塘。

目前场地内部零零散散的有部分种植，主要有青菜、芥菜、萝卜、芋头、玉米等家常农作物。这些农作物虽然为居民提供了一定的食物来源，但是其一产的经济价值还是较为薄弱。所以场地的规划设计可依托村内已有的产业资源，带动场地的生产活力。

（4）发展契机

首先万嘉村距离镇海新城核心区约5km，距离镇海老城区直线距离约6km，具有丰富的潜在游客资源与交通优势。所以乡村发展不能只关注第一产业的发展，还可以借助交通优势发展第二产业，依托休闲服务功能提升第三产业，升级乡村产业结构。

其次，村内有较好的农业种植基础，如蔬果园基地、技术研发团队等。虽然旱地的土地类型种植较为困难，不适宜大片种植，但是可以依托周边的种植技术，在此区域内开发试验种植单元，不以一产经济为首要目标，以小模块、多功能、多组合的方式利用空间形成第三产业，总体加持区域内部的经济价值。

### 2. 设计概念

通过分析万嘉村的区域条件与周边产业资源发现，虽然研究场地物质资源基础不丰厚，但是可以借助周边产业，形成联动发展。所以基于此本书提出"生产融合"的概念，来引出设计模式。生产融合是指以第一产业为发展基础，植入第二产业功能，大力发展第三产业，并且三种产业相互组合升级，最终实现六产联动，这是场地内部发展的主要思路。

在区域内部种植小片的植物试验田，作为周边农业生产基地的研发试验点，不仅可以提供试验场地，还可以成为科普园，植入亲子活动，形成一产 + 三产的联动。

### 3. 多功能化旱地的生产性景观营造模式

新时代背景下，要构建三产融合发展体系，将一产与二产、三产结合以增收，实现经济结构的升级，首先要保证第一产业的生产基础是产业出发原点，在此基础上叠加生产加工、休闲游乐等功能。所以本设计根据万嘉村的区位优势、周边资源及土地资源进行旱地的生产性景观营造模式的研究，提出在旱地中植入农业种植体验园、瓜果采摘园、食品加工展示园等功能，将具有经济价值的经济作物、水果产品通过小集市向外进行售出，加深游客对于村落当地生产生活场景的印象。同时为特色农产品进行间接的宣传，也大大降低了农民对于日常食品的购买费用，提高村民的经济收入。既能开拓产业发展路径促进经济发展，也为旱地农田增添了人气。[5]

（1）生态作物的合理配置

首先由于旱地的土地较为干旱，所以在农作物选种方面，要注意选择耐干旱且生命力持久的作物。并且在物种搭配时，要考虑植物轮作的时节，保证四季的土地都能得到有效利用。油菜在 9 月种植，来年 5 月可收获。棉花的花期在 7~9 月上旬，9~10 月陆续采摘。玉米的播种时间为 4 月下旬~5 月上旬，8 月可收获。瓜果菜园区，辣椒可分两季播种，1~3 月播种可在 4~7 月收获，8~9 月种植可在 10~12 月收获。芋头的播种时间在 1~3 月，8~10 月收获。土豆可分春秋两季播种，分别为 3~4 月与 8~9 月，5~7 月和 10~12 月收获两轮。茄子可在 1~2 月种植 3~4 月份收获，7~8 月种植 9~10 月收获。番薯6 月中旬定植，10 月中旬开始采收。青菜全年均可种植。

家禽养殖类，土鸡土鸭养 5 月出栏，鹅 3~4 月出栏，兔子 5~8 月养成，全年均有作物和家禽食用售卖，其粪便可进行回收处理，作为农作物的有机化肥。

利用生产性生物共养和经济作物套种等技术，如水田养鱼、蟹、鳅、蛙、鸭等，旱田养鸡、套种瓜豆花生、野菜、花茶等，既能增加经济收入丰富游客体验，又可利用生物互利互促的共生关系，实现产品丰富、农鲜兼取、增加土壤肥力、生态虫害防治等目标。

合理的生态作物配置既保有了大面积的新型高效有机农业生产基地，又有利于形成村外的第一景观面，展现乡村景观的地域性和乡土性，帮助游客提早进入旅游兴奋状态。

（2）生产功能的多样化表达

农作本身就具有一产经济价值，但是如何实现流线联动作用，就要植入生产功能的多样化表达形式。要拓宽土地功能范畴，创新产业模式，实现旱地农田全时段的生产性景观营造。生产性农田又可充当娱乐休闲空间，发展第二、第三产业，实现第一产业和第二、第三产业的融合，如田地边缘可设置相应加工点和集市，如果茶铺、猫咖、文创产品售卖店等（图7.12）。

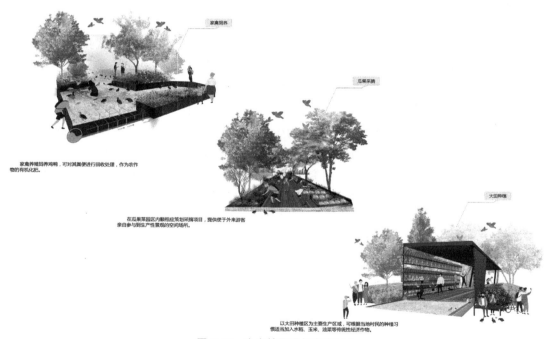

图 7.12　生产性景观与多产结合

首先是一产＋三产的休闲功能扩充，建立农耕体验园、瓜果采摘园。体验园中的种植、采摘互动活动，可根据时节自行选择，在相邻的模块种植产出时节不同的作物。在耕种体验结束后，将自己栽下的植物留给后人采摘，越过生长成熟的等候期，进入下一模块。采摘之前游客种下的蔬果，提前感受收获的喜悦，实现"前人栽树，后人乘凉"式的耕种轮回，使游客沉浸于自然生长的体验中，增加场地情感的共鸣。同时，此番实施轮作种植，也可最大化减少对土壤的消耗，延长土地利用周期。在场地周边增加生产性景观小品，呈现活动场景，让受众感知农田生产性景观不仅具有经济价值，也能够增加农田生命力，将游客的活动融入生产空间（图7.13，图7.14）。

图 7.13　瓜果采摘园

图 7.14　田野体验空间

其次是建立一产 + 二产 + 三产的加工园。六产融合发展，综合利用四季变更。将作物更替的流转期空地作为加工园公共活动空间，承载野炊和游乐等功能，同时缓解田野厨房的人群流量，满足人群社交需求，周边生产模块中的特色植物科普板，可帮助游客重新认识农业生产，使生产性贯穿到现代生活的各方面（图 7.15）。农田的点状公共空间也增添了农田中的"野趣"。加工园农产品对外运输点设置在园路与公路交界处，方便货车装卸，并设置专用运输道，一是能区别于游客步行道，标识上更加醒目，提高安全性；二是能提高园内人工运输效率，尽量减少与游客游览的冲突，使园地内人群活动区与运输工作区相隔离，完成空间上的区域功能划分。

图 7.15　田野休憩空间

综上所述，旱地虽然土地的基础条件较差，一产生产功能较为欠缺，但可利用生产性景观的多功能性与多社会性，打造以第一产业为基础的六产融合模式，从而提升土地的资源利用率，重新发挥土地价值。并且可与村庄及周边资源形成联动作用，总结出"以小带大"的整体乡村发展思路。

## 参考文献

[1]　王一啸 . 德昌市乐跃镇半站营景观梯田规划设计 [D]. 成都：成都理工大学，2020.

[2]　http：//www.jiande.gov.cn/art/2022/11/7/art_1229418010_48427.html.

[3]　宁焱 . 生产性景观在富阳区大章村线性空间的设计应用研究 [D]. 杭州：浙江理工大学，2020.

[4]　杨冰洁 . 景感营造视角下园地生产性景观设计研究 [D]. 杭州：浙江理工大学，2022.

[5]　陈昊旭 . 杭州市富阳区大章村园地生产性景观营造设计研究 [D]. 杭州：浙江理工大学，2020.

# 第 8 章

# 线性生产性景观单元营造

　　乡村中有许多道路、河流、绿道、沟渠等线性空间，它们构成了乡村景观的骨架，整体上反映了乡村的特色风貌。随着经济的迅速发展，居民对生活质量提出了更高的要求，因此许多传统乡村的线性空间融入了现代景观的元素。为了解决当前乡村线性空间面临的问题，浙江省于 2013 年开展"四边三化"建设行动计划，提出公路边和铁路边绿化美化、河边洁化、山边生态化的环境整治目标，提升乡村的整体环境质量。生产性景观对于道路绿化带和河流滨水带而言，在改善水质、优化环境、调节微气候等方面具有重要的生态效益。生产性景观应用于纵横交织的线性空间，可形成绿色景观网络体系，将乡村建设成一个多维度多功能的新空间。

　　本章将线性空间分为绿道与河道两大空间类型，分析线性空间的现状问题，结合评价指标体系，提出线性生产性景观的营造策略。最后以浙江省杭州市富阳区大章村为场地研究对象，总结线性生产性景观单元的营造模式。[1]

## 第 1 节　线性生产性景观概念

　　生产性景观中的线性空间是指一个具有连贯性的空间类型，包含了交通系统、绿地系统和水体系统等环境要素。在景观层面中，融合生态、文化、游憩价值的线性空间也被称为绿道。广义上的绿道就像一个巨大的网格系统将城市与乡村连接起来，可以延伸到乡村与城市的任何空间，使居民能够自由到达住宅之外的开放空间去。狭义上的绿道是指供人休闲游憩并用于交通通行的开放性空间。线性空间在形态上一般依附于线性的自然要素而建，如河流、道路等。乡村中的线性空间可将建筑、农田、山林等节点进行串联，形成一个有机整体。

### 一、线性空间生产要素

　　线性空间的物质要素是由周围环境构成的自然要素，是道路、建筑、地面、绿化软景等形成的连续有机整体，非物质要素则包含了空间中与人相关的行为活动，如生产、劳动、休息、娱乐等过程。通过第 2 章生产性景观生物数据库的梳理，可作用于线性空间的生产要素共 40 余种，包含植物资源 33 种、动物资源 7 种、生产活动 1 种、生产工具 3 种。

### 1. 植物资源

线性空间中的植物大都根系发达，具有良好的固土、防尘作用。它们具有良好的审美价值，可营造开阔且连续的景观视觉廊道。传统生产植物是自然之美、人工的创造之美、科学的变幻之美的综合体现，对于乡村美化起到决定性的作用。

（1）乔木类，包括经济类作物中的药类作物，例如银杏、无患子等；其他生产资料类例如棕榈、短梗冬青等。

（2）灌木类，包括经济类作物中的药类作物，例如紫荆、狭叶栀子、卫矛等；其他生产资料类例如白豆衫、夹竹桃、安息香等。

（3）草本类，包括经济类作物中的瓜菜类作物，例如莲藕；经济类作物中的药类作物，例如艾草、菖蒲、水仙、板蓝、美人蕉、水葱等；经济类作物中的林果类作物，例如菱角；其他生产资料类如凤仙花、黄金菊。

（4）藤本类，如大花忍冬。

### 2. 动物资源

线性空间的动物资源主要有水生动物、两栖家禽动物与候鸟动物，例如虾、蟹、鸭、鹅、鱼、海蜇、鸟 7 种。动物的生存和繁衍通常受到地形、水文条件、植被类型和气候等因素的影响。很多候鸟在春季和秋季迁徙时会把线性空间当作休息地，寻找食物与栖息。线性空间为候鸟提供了水源、食物和遮蔽。

### 3. 生产活动及生产工具

线性空间作为功能性的连接通道，串联乡村农业文化、民俗文化、生产生活文化。在线性空间中运用生产性景观，可以明确反映当地农业文化特色、民俗文化活动以及相应的生产生活方式。但是传统生产性活动发生在线性空间中的较少，在数据统计中只有灌溉活动一种，即在古代利用水车转动作用，在沟渠中取水用于灌溉农田。现在水车已经由原来的灌溉工具成为一种农业景观要素，水车取水灌溉的活动也尘封于老一辈人的记忆之中。

## 二、线性景观空间类型

在几何中线是没有宽度的。从造型角度来说，不同的点连接成线，线有长度之分。在同一条界面上的点（空间），经过串联形成线性空间。河道、绿带、滨水等带都属于线性空间。本章研究的生产性景观线性空间主要是河道、绿道两种空间类型。

### 1. 河道

乡村河道是指位于农村地区的小型河流或溪流，通常流经农田和村庄地区。这些河道在乡村中具有重要的生态、经济和社会意义。乡村河道常被用于农业灌溉，为作物生长提供了必要的水源。乡村河道还提供了重要的生态系统服务功能，包括水质净化、栖息地供应和生物多样性维护。河道两侧植物群落能够形成局域小气候，对水土流失和水质的净化也有着重要的作用。同样，它们也是众多水生生物的栖息地。乡村河道通常与当地乡村历史沿革有关，反映着乡村的历史文化，河道上的古桥、水车、建筑都反映了乡村的历史和村民的生活智慧。

河道景观不仅对乡村生境恢复与营造有促进作用，同样也具有一定的拓展建设空间。良好的河道生态环境为人们休闲游乐提供新的物质基础，促进垂钓、划船等独特休闲娱乐项目的衍生与发展。

### 2. 绿道

乡村绿道是指乡村中的交通道路，分为车行道与游步道两种。这些道路在农村地区发挥着关键的交通和经济"传输"功能，是人员流动的重要空间。作为车行的市政道路，主要承担的就是通行功能，是人员、产品运输的重要路径，也是展现乡村风貌的重要窗口。乡村游步道提供了一个供人们进行散步、跑步、骑行、观鸟等娱乐休闲健身的活动场所。绿道作为可持续交通的一部分，其良好的生态环境为绿色出行提供保障。同样，乡村绿道也是一种文化交流空间，人们在此空间中交往、嬉戏、休憩。

乡村绿道是一种集通行、休闲和运动为一体的多功能设施，将自然、文化和健康等元素融合在一起，为乡村地区的居民和游客提供了一个愉悦的户外体验。它不仅有助于提高人们的生活质量，还有助于推动可持续发展和保护自然环境。

## 第 2 节　问卷分析及问题汇总

### 一、田野调查内容及结果分析

线性空间主要涉及河道和绿道，空间具有多样性。所以针对线性空间的田野调查内容主要有线性生产性作物种植情况、沿路线性生产性植物的种植层次、河道线性生产性景观的植物种植组合。

#### 1. 线性生产性作物种植变化调查

线性空间是滨水生物、行道树种主要分布的空间。我们对大章村这两种作物进行普查，研究线性空间的生产性作物种植的现状情况，提出种植情况是否减退或增加的问题，并询问增退原因（表 8.1）。

此问题有效个案数据共计 247 个，涉及 247 个乡镇的调研情况。近五年内生产性作物出现减退的乡镇地区共 161 个，有效占比 65.2%，出现增加的乡镇地区共有 86 个，有效占比 34.8%（图 8.1）。其中出现种植减退现象的主要原因是回报率较低（占比 41.1%）和成本增加（占比 31.4%）（图 8.2）。出现种植增加的原因是政策导向（占比 34.6%）、回报率高（占比 20.9%）、生产方式的改进（占比 20.3%）及生态环境改善（占

| 问题 1 | | 表 8.1 |
|---|---|---|

**作物现在的种植是减退还是增加？下列哪些原因所致？（可多选）**

| ☐ 减退（近五年内） | ☐ 增加（近五年内） |
|---|---|
| A、成本增加（如劳动力、生产资料等） | A、政策向导（如"四边三化"） |
| B、回报率低（产量、价格、需求量等） | B、回报率高（产量、价格、需求量等）请列举＿＿＿＿＿ |
| C、生态环境污染 | C、生产方式改进（机械化、规模化等） |
| D、其他＿＿＿＿＿ | D、生态环境改善 |
| — | E、其他＿＿＿＿＿ |

线性空间种植情况

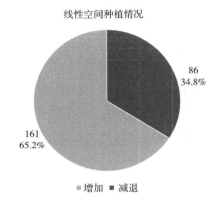

| 线性空间种植情况 | | 频率 | 百分比 | 有效百分比 |
|---|---|---|---|---|
| 有效 | 减退 | 161 | 58.5% | 65.2% |
| | 增加 | 86 | 31.3% | 34.8% |
| | 总计 | 247 | 89.8% | 100.0% |
| 缺失 | 0 | 28 | 10.2% | |
| 总计 | | 275 | 100.0% | |

图 8.1　线性空间种植情况种植规模情况

种植减退原因

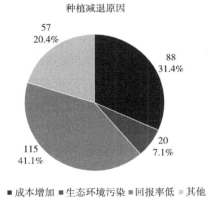

| 线性空间减退原因 | | 响应 | |
|---|---|---|---|
| | | 个案数 | 百分比 |
| 线性空间减退原因 | 成本增加 | 88 | 31.4% |
| | 生态环境污染 | 20 | 7.1% |
| | 回报率低 | 115 | 41.1% |
| | 其他 | 57 | 20.4% |
| 总计 | | 280 | 100.0% |

图 8.2　生产性作物种植减退原因

比 18.7%）（图 8.3）。数据结果表明，虽然大部分地区的种植出现衰退，但是如果有适当的政策引导、改进生产方式、改善生态环境，线性空间的生产性作物还是具有较高的经济回报率。

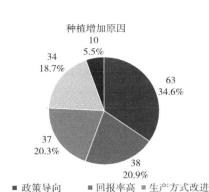

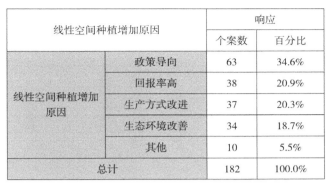

图 8.3   生产性作物种植增加原因

| 线性空间种植增加原因 | | 响应 | |
|---|---|---|---|
| | | 个案数 | 百分比 |
| 线性空间种植增加原因 | 政策导向 | 63 | 34.6% |
| | 回报率高 | 38 | 20.9% |
| | 生产方式改进 | 37 | 20.3% |
| | 生态环境改善 | 34 | 18.7% |
| | 其他 | 10 | 5.5% |
| 总计 | | 182 | 100.0% |

## 2. 沿路线性生产植物的种植层次调查

道路建设的首要目的是解决通行问题，在符合道路交通规范的标准之下，合理搭配植物种植层次，可有效降低风尘、净化环境。对大章村沿路线性生产植物种植层次进行的调查如下（表 8.2）。

问题 2                                                                          表 8.2

| 沿路线性生产性植物有哪些种植种类？（可多选） | |
|---|---|
| A、乔木 | |
| B、灌木 | |
| C、草本 | |
| D、藤蔓 | |
| E、其他 | 如：_____ |

调查结果显示，沿路线性生产性植物的种植形式多样。种植种类上乔木、灌木、草本种植占比基本持平，所以种类表现多样化（图 8.4）。种植层次主要是以乔木 + 灌木 + 草本常规的种植形式为主（共 65 例），其次是乔木 + 灌木（共 42 例）、灌木 + 草本的形式（共 39 例）（图 8.5）。调研结果显示，现状线性道路的生产性植物种植的组合，还是能基本体现出植物群落的有效搭配。

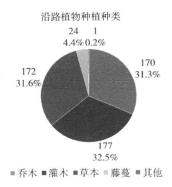

| 沿路植物种植种类 | | 响应 | |
|---|---|---|---|
| | | 个案数 | 百分比 |
| 沿路植物种植种类 | 乔木 | 170 | 31.3% |
| | 灌木 | 177 | 32.5% |
| | 草本 | 172 | 31.6% |
| | 藤蔓 | 24 | 4.4% |
| | 其他 | 1 | 0.2% |
| 总计 | | 544 | 100.0% |

图 8.4   沿路植物种植种类

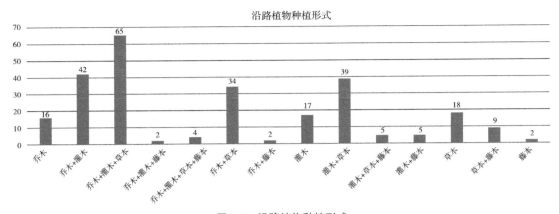

图 8.5 沿路植物种植形式

### 3. 河道线性生产性植物组合形式调查

在河流沿岸或水中生长的植物群落，其丰富的植物组合形式能够维护生态平衡、保护水体质量，为生物提供栖息地。对大章村沿河道生产性植物组合形式的调查如下（表 8.3）。

问题 3                                                        表 8.3

| 滨水线性生产性植物有哪些种植组合形式？（可多选） | |
| --- | --- |
| A、沉水 | 如：_____ |
| B、挺水 | 如：_____ |
| C、浮叶 | 如：_____ |
| D、漂浮 | 如：_____ |
| E、水边植物 | 如：_____ |
| F、岸上植物 | 如：_____ |

调研结果显示，河道种植的种类以岸上植物、水边植物及挺水植物为主（图 8.6）。说明乡村对于河道岸边及周边的环境关注度较高，相对忽略河道内部的价值。河道线性景观

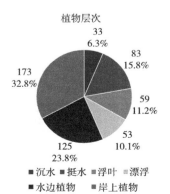

| 滨水空间植物种植层次 | | 响应 | |
| --- | --- | --- | --- |
| | | 个案数 | 百分比 |
| 滨水空间植物种植层次 | 沉水 | 33 | 6.3% |
| | 挺水 | 83 | 15.8% |
| | 浮叶 | 59 | 11.2% |
| | 漂浮 | 53 | 10.1% |
| | 水边植物 | 125 | 23.8% |
| | 岸上植物 | 173 | 32.8% |
| 总计 | | 526 | 100.0% |

图 8.6 河道植物种植种类

植物种植主要以水边植物 + 岸上植物较多（共 36 例），说明河道周边环境的植物种植层次较为丰富（图 8.7）。

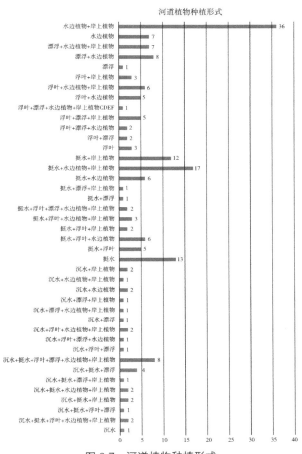

图 8.7　河道植物种植形式

## 二、现实问题

调研问卷结果显示，大章村线性空间的生产性作物种植还是在日益衰退，主要原因还是作物经济价值问题，这个问题同样也是山林、农田、园地生产性景观的痛点。田野调查后发现，虽然浙江省的"四边三化"行动整治较为彻底，生态环境得到了较大的改善，但是有些地区由于过度追求功能性的整改，反而忽略了原有的自然生态美景，为了整改进行得快速有效，而忽略了植物生长周期的可持续性。所以线性空间的生产性景观现状主要面临以下几个现实问题。

### 1. 生态环境保护不佳

乡村河道线性生产性景观的问题主要集中在生态环境上。由于生态环境的不稳定或是韧性减弱，水系污染情况在部分地区仍较为显著。为了生活方便，村民日常产生的生活污水未经处理直接排放进河流，村民家用的有机肥料对水质造成进一步污染。乡间的溪流成为每家每户涮洗拖把的污水池。村民生态保护意识不佳，再加上生态植物搭配群落不当，导致生态功能不强，水生态不能形成有效循环，会造成水土流失、河道滩涂淤积，从而减弱蓄水和排水能力。沿线道路的植物搭配具有一定的即时效果或是季相性，特别是非花期时段，道路景观就会呈现杂草丛生的状态，日常缺少系统性维护。

### 2. 线性空间生产活力较差

线性空间经过一系列的整治已经初步完成了生态环境提升工作。但是因发展需求，村庄内部原有自然驳岸的形式大多被硬质驳岸的形式取代。硬质驳岸具有较强的防水抗洪的功能，但是高起凸出的砖砌形式却减弱了河道原有的亲水性，隔绝了人与河道之间的距离，更不见乡民耕种捕捞的生产场景。乡村原有的羊肠小道被拓宽成了沥青马路，道路周边也种满了乔灌草层次清晰的植被，大大提升了线性道路的美观性。田野调查中显示河道和道路沿线的植物搭配层次基本都在两层及以上，具有基本植物群落搭配种植的概念，能够发挥一定的生态效益。但是目前乡村道路空间只满足了基本的通行需求与抗尘需求，沿线周边的植物种植形式大多只考虑了道路安全性与简单的美观性，而忽略了生产价值。虽然空间呈带状分布，宽度较窄，但是也具有独特空间特性。沿线的商业商铺、老街的售卖场景都有巨大的经济价值。所以线性空间生产活力缺失的主要原因一是线性网络不完善，资源功能无法整合；二是缺乏互动性，空间缺少供人交往体验的场所。

# 第3节　各项指标判断及对策

## 一、评价指标在线性空间中的应用解读

依据第4章生产性景观评价体系中对生产性景观各项二级指标的权重结果，结合线性空间的现状调查结果，本节解读各项指标在线性生产性空间应用功能，从而把握线性生产性景观的设计要点（表8.4）。

生产性景观特性权重与线性空间现状评价判断　　　　　　　　　　　　　　表8.4

| 生产性景观特性一级指标项权重分析表 | | 山林空间现状调查 | |
| --- | --- | --- | --- |
| 一级指标项 | 权重 | 现状问题 | 评价判断 |
| 生态性 | 21.87% | 生态环境污染 | 急需提升 |
| | | 植物群落搭配具有初步雏形 | |
| 经济性 | 20.50% | 成本增加 | 有待提升 |
| | | 回报率低 | |
| 美学性 | 19.64% | 植物层次种植搭配效果尚佳 | 有待新增 |
| 社会性 | 20.43% | — | 有待新增 |
| 功能性 | 17.56% | — | 有待新增 |

### 1. 生态性现状评价判断

线性生产性景观的生态性主要体现在河道污染、生物群落生境营造及沿线道路的植物种植层次搭配上。线性空间可以作为生态走廊，连接不同的生境，从而促进生物迁徙和基因流动。这有助于维护物种的多样性，减少遗传分化，增强生态系统的适应性。沿线植被可以减轻土壤侵蚀、提供栖息地、净化空气和吸收污染物。随着廊道绿色覆盖面积的增加，引发生物多样性的增加，就可净化河道、防止水土流失、调节小区域气候，降低景观营造成本。同时又有客观的物质产出，形成一个生产—消耗—再生产的可持续系统，创造良好人居环境。所以在进行线性空间的生态应用时，应对河道绿道进行详细的空间拆解，实现全域的生态循环效果。

### 2. 经济性现状评价判断

线性空间因其带状的空间特点，不具备大片生产性作物种植的条件。线性的河道是

水生植物与水生动物生长的主要空间，不仅具有良好的生态性，还具有一定的经济性。特别是水生动物具有较大的经济效益，在满足一产的基础之上，植入渔业产品加工、滨水休闲农业、手工业等，联动一二三产，实现收益的倍增。另外在河道治理、沿线道路的绿化改善中所产生的生态效益也都是隐藏的经济效益。

### 3. 美学性现状评价判断

线性空间的美学价值主要由河道的自然美与道路沿线的场景美两方面来体现。清澈的水流、优美自然的驳岸线、水中岸边的植物搭配等都是河道自然美的体现，是乡村艺术风景的体现。道路沿线所展现的乡村风貌场景、乡村文化场景、自然景观场景等都是体现地缘乡村特色的渠道，具有较高的美学价值与社会价值。这些美学价值有助于提高人们对自然环境的重视，促进可持续的自然资源管理，助力打造优美的乡村人居环境。

### 4. 社会性现状评价判断

线性景观贯穿于整个乡村环境，它和乡村发展一脉相承，通常承载着地方特色文化和村民生活方式。古老的街巷和古道反映了地方的历史文化；河流是古代运输的主要路径，反映了沿岸村民生活方式与习惯。所以线性生产性景观是大自然和文化的交汇点，是乡村社会文化的体现，为人们提供了欣赏和连接的通道。将精神文化转化为具象的景观进行保护与展示，既能传承乡土农耕文化，又能满足人们在现代化生活下回归乡土自然的精神需求。

### 5. 功能性现状评价判断

线性生产性景观的功能性主要体现在其传达出的物质功能与精神功能。线性空间为居民提供了日常生活所需的出行、资源供应、生产等物理空间，而生产性景观为线性空间拓展了文化互动、社会交流等精神空间，所以它的功能性不仅在于物质功能的给予，更是非物质功能的补充。这种综合性功能对于乡村的可持续性至关重要，它们不仅具有日常生活功能，还丰富了人们的文化体验和社会互动。

## 二、线性景观空间营造对策

与其他空间相比，线性空间能够将村内零散的耕地要素、景观要素进行节点串联，达到景观的完整性统一，以此来充分释放空间的功能活力。通过打造乡村完整的沿线空间，增加绿地面积，可以使生态环境得到有效的恢复，以此来增强生态景观的稳定性，吸引生物多样性。从生产性景观在线性空间应用的多个维度（生态维度、景观维度、产业维度、文化维度、体验维度）出发，探索出线性景观空间营造对策，将整个乡村通过线性空间串联起来，向人们展现了当地特有的文脉，营造在溪水旁与鱼虾游乐嬉戏的场景，感受道路两旁虫鸣鸟叫的美妙（图 8.8）。

### 1. 保护生产要素，发挥生态效应

在规划策略中应倾向于空间中非建设空间的生态景观营造。目前乡村环境所面临的生态问题是：耕地面积破碎导致线性空间被侵占，生态空间不连续；环境污染情况加

图 8.8　线性空间设计策略

剧，绿地面积缩减。在乡村生产性景观建设中，我们不仅要保护生产要素的景观风貌，还要利用生态资源构建良好的乡村人居环境。所以在乡村线性生产性景观打造中，首先，要对占用生态绿地的违章建筑进行拆除和整改。其次，立足于村庄各类生产要素的保护，设立林带、绿带、水域的保护范围，对河道及绿道生态脆弱的河流段严格保护。再次，利用生产性植物治理生态污染，调节改善微气候环境，增加生产景观的多样性。最后，整改增添景观设施，拉近人与生态环境的距离（图 8.9，图 8.10）。通过这些措施整合破碎的点状空间，加强空间的连接性，整体提升区域内部的生态效益。

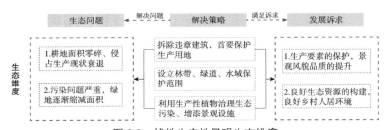

图 8.9　线性生产性景观生态维度

图 8.10　线性生产性景观生态策略

### 2. 营造景观格局，建设沿线景观

乡村线性空间的景观优化，对于发展乡村经济有着重要的支撑作用。但目前大多数乡村村内线性景观较为混乱，沿线景观层次较弱，植被种类单一，无法很好展现当地的人文风情与良好生态资源。因此，应优化与提升村庄沿线空间的景观品质，为外来游客及村民营造回归自然、充满乡土生活气息的绿色廊道（图 8.11）。

图 8.11 线性生产性景观的景观维度

应将串联的各个核心景观节点进行资源整合，形成有利于发展旅游业和经济产业的通道模式，使逃离城市生活到乡村地区的人们能感受完整的生态景观风貌。在进行乡村生产性景观营造时，应当着重使用当地乡土植物进行搭配。在树种的选择上，力求四季有不同的色彩层次变化，营造出样式不同的大地景观。在植物形态的选择上，能够产生此起彼伏的立体感与层次感，以免在沿线景观中出现景观同质化，使人们感到单调无趣，造成审美疲劳。还要注重对当地历史文化资源的挖掘，形成景观展示廊道等主题，利用乡村传统民俗元素体现地方景观的内涵，凸显文化特色（图 8.12）。

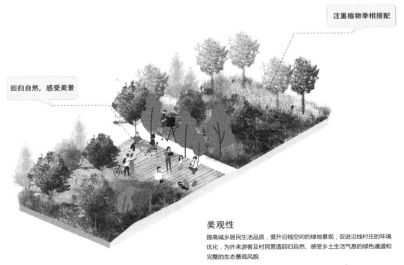

图 8.12 线性生产性景观策略

### 3. 集聚绿色产业，优化道路交通

线性空间的高效连接为乡村的土地资源整合和产业集聚起到了重要的支撑作用。当前大部分乡村的产业还都是单一的产业结构，现有产业无法很好地满足市场需求，且缺少乡村自身特色产业的开发。现状背后体现的是当下乡村传统产业经济效益落后，城乡之间发展缺少联动性，无法引流客源带动产业输入与输出，并且缺乏高技术高质量的活化运营机制（图 8.13）。

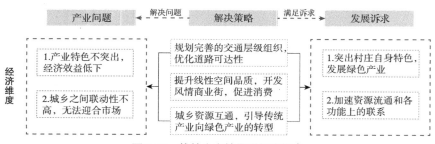

图 8.13 线性生产性景观经济维度

通过规划完善的交通层级组织、优化道路的可达性，可以提升线性空间的品质，加速城乡资源流通和功能联系。开发乡村村内绿色产业，引导乡村传统产业向生态性农业绿色产业转变，形成产业集群一体化发展。通过线性空间连接各个资源节点，实现城乡之间相互结合、资源互通，增强乡村吸引力和影响力。提高村内道路交通的可达性，增加游客的数量、升级消费结构，将村内产业通过线性空间向外辐射（图 8.14）。

图 8.14 线性生产性景观经济策略

### 4. 传承地域文化，扩展体验空间

乡村规划目前存在着景观同质化、缺乏乡土特色、地域文化缺失的严峻问题，无法

形成村庄的自身区域特点。以往蕴含乡土特色的文化意义和地方精神正在逐渐消失。乡村自身的特色印记是构成乡村精神需求和物质需求的基础，乡村的线性空间是紧密连接聚居区和各个景观节点的纽带。线的延伸性，使得各个区域都能通过线性景观串连成乡村景观单元。因此乡村的乡土性、特色性能够较好地反映在线性空间中。在生产性景观的开发中，要从当地生产要素、乡土植被、民俗文化活动等多方面挖掘，传承历史文化遗产、展示民俗文化内容，打造乡村自身独有的文化印记，同时也能起到教育后代、铭记文化历史的作用。对于村庄的识别性，可通过种植具有当地特色的农作物与植物，策划开展农业民俗相应活动，以具象化的方式进行文化的展示，如当地的传统农耕用具陈列、生产场景浮雕小品设立、道路铺装纹样设计、传统工艺展示等多种方式，打造代表当地文化特色的景观长廊（图 8.15）。

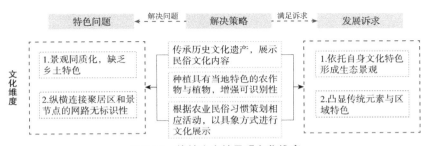

图 8.15　线性生产性景观文化维度

随着乡村旅游的发展，游客们的需求已从简单的观光游览转变成体验型的活动参与。在整体设计规划时，要考虑体验活动场所的空间布局与形式，要立足于乡村当地的生产文化形成第三产业，一来激活乡村传统手工生产业，二来也可策划不同的生产活动供人们互动体验。可建设村内特色手工劳动作坊，作坊内向人们展示生产时所用到的工具、匠人们在制作时的生产场景，使传统的业态民俗活化，再现沉寂已久的生产场景，吸引游客前来亲自感受。景观广场可展示传统民俗技艺，通过观看表演与参与互动，可以更好地感受乡村人文风情。在乡村线性空间中扩展生产性景观体验空间，以其舒适的沿线景观、方便的可达性、集聚的特色产业、丰富的体验空间，来提升乡村的吸引力和大众的参与积极性，最终释放乡村活力，重现往日的热闹与喧嚣（图 8.16，图 8.17）。

图 8.16　线性生产性景观参与维度

图 8.17　线性生产性景观文化策略

# 第 4 节　线性生产性景观营造模式

　　本节通过对大章村研究场地现状的研判、生产现状的考察、线性景观空间的深度剖析，采用"归园田居"的设计理念，总结出河道、绿道两大类廊道的生产性景观营造模式。通过线性生产性景观的营造，推进农业生产项目的开发、促进城乡资源互通整合、带动乡村经济发展、完善服务经济配置。

## 一、选取研究场地

### 1. 村落概况

　　大章村位于浙江省杭州市富阳区常绿镇东部，距富阳城区 40km。由章村、常三、村南三个行政村组成。东南分别与诸暨、萧山交界，是一个三地交界的边缘古村。307 省道是大章村对外联系的主要道路，连接龙门镇和上官乡。自北向南流动的南溪与北溪贯穿全村。村庄周边山体较多，西南部峰峦叠嶂，北溪及山谷呈带状分布。村落有着悠久的历史文化，1057 年南宋时期章氏家族就迁居于此。大章村在 2019 年被列入浙江省第七批保护利用重点村。

### 2. 研究场地界定

　　大章村沿线空间主要由河道、绿道组成，周边绿地及建筑围绕在两者周围，将线性空间围合形成一个多维的立体空间（图 8.18），本研究主要针对线性空间本身的河道和绿道进行场地界定。

（1）河道

大章村内河流主要有两条，分别为常绿南溪和常绿北溪。北溪溪流源自西南部的丘陵山地之中，北起徐西线，南至 307 省道为南北走向，因域面宽广且水流较大，所以较为清澈。南溪东从村口分支，西至 307 省道，为东西走向，全长仅 285m 左右，水面较窄，水量小，所以较为浑浊，两溪交汇处位于大章村村口（图 8.19）。

（2）绿道

绿道主要由乡村的交通道路及周边绿带构成。村庄外部以 307 省道为主要道路，307 省道是连接杭州市富阳城区和萧山区的主要交通道路。村内主要交通道路为徐西线与杨大线，徐西线往南连接诸暨，宽 6m，车流量较小；杨大线主干道宽 8m，为双向车行道。沿南溪北溪的滨水绿道，是大章村古村落风貌景观的重要组成部分和文化展示的载体，也是村民活动的主要线性空间（图 8.20）。

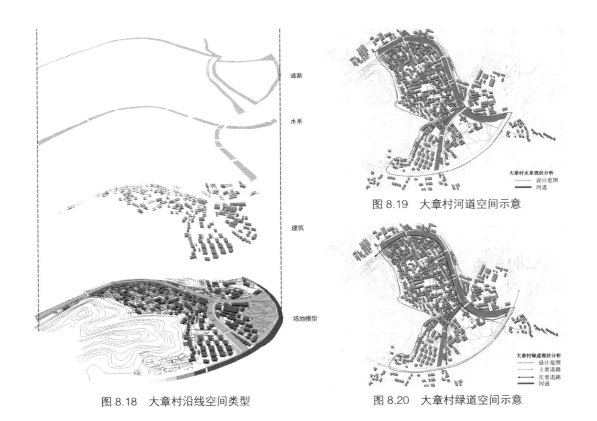

图 8.18　大章村沿线空间类型

图 8.19　大章村河道空间示意

图 8.20　大章村绿道空间示意

### 3. 生态资源评估

村内及外围道路由于近年来的开发建设，大量绿地变成了建设空间，功能建筑与通行道路共存，导致现存线性空间形态较为狭长。主要植物只能以草本灌木为主，如石楠、含笑等。由于缺少乔木的种植，所以未能形成良好的生态屏障，不能起到隔绝噪声的作用。滨水区域驳岸硬质化严重，仅局部有少量芦苇菖蒲等水生乡土植物，导致河道整体风貌较为生硬（图 8.21）。但大章村气候适宜多种树木的栽培，后期规划设计中应当合理利用村内良好资源，将生产性景观项目进行合理布局。

### 4. 生产现状分析

目前大章村主要以传统小型农业为主，存在产业模式单调、市场消费群体较小窄的问题。虽然乡村拥有良好的生态资源，但由于发展意识薄弱，未能得到有效的利用，限制了产业发展（图 8.22）。

（1）农业与养殖业

村内现存的线性生产用地大部分处于荒废状态，村内沿线只有部分院落小型绿地得到有效利用，主要以自家食用为目的进行蔬菜种植，技术性低且产品种类单一。生产用地和水资源虽然丰富，但少见家禽饲养与淡水产品的养殖。只有少数临近农田边缘的居民养殖几只鸡、鸭，这些家禽也多以自家食用为主。河流中水产类基本都是野生物种，水生动物以虾蟹和鱼苗为主，少有一定规模的人工投放与管理（图 8.23）。

（2）手工业生产

村内原先街巷的豆腐店、糕饼店、棉花坊等，由于只有少数村内老年人有购买需求，市场需求下降，传统技艺面临失传。这导致这些传统手工业店铺面临关闭和转型的难题，以往热闹的生产场景已全然消失。

### 5. 景观空间剖析

（1）河流及滨水景观带

主要问题表现在：一是水系污染情况日渐严重。由于大章村常绿南溪北溪贯穿全村，且与农居点较近。部分村民利用溪水在河边埠头处清洗衣物、拖把等生活物品，清洗时残留的化学物品，污染了河流。二是亲水可达性弱。在部分滨水区段，车行道路紧邻河道，缺少滨水游步道；部分岸面建设生硬，水面与地面缺少亲和性。对水体的建设缺乏科学合理的规划，在整个沿线河道空间中缺少满足休闲游憩、体验互动等空间。三是缺少净化水质的水生动植物，且植物层次种类匮乏。不同水位区域的划分层级不明显，部分岸线缺失，没有对坡位进行设计。所以总体来看，大章村两溪利用率不高，周围缺少软质景观的搭配，部分河段污染比较严重，多用于排放生活用水。滨水空间缺少游憩休闲空间，也没有软质景观营造（图 8.24）。

图 8.21　大章村线性空间生产现状分析

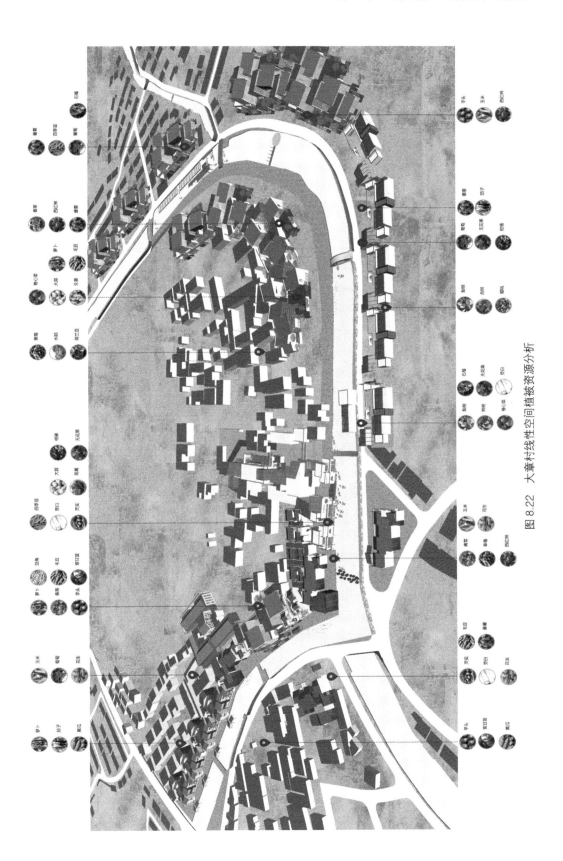

图 8.22　大章村线性空间植被资源分析

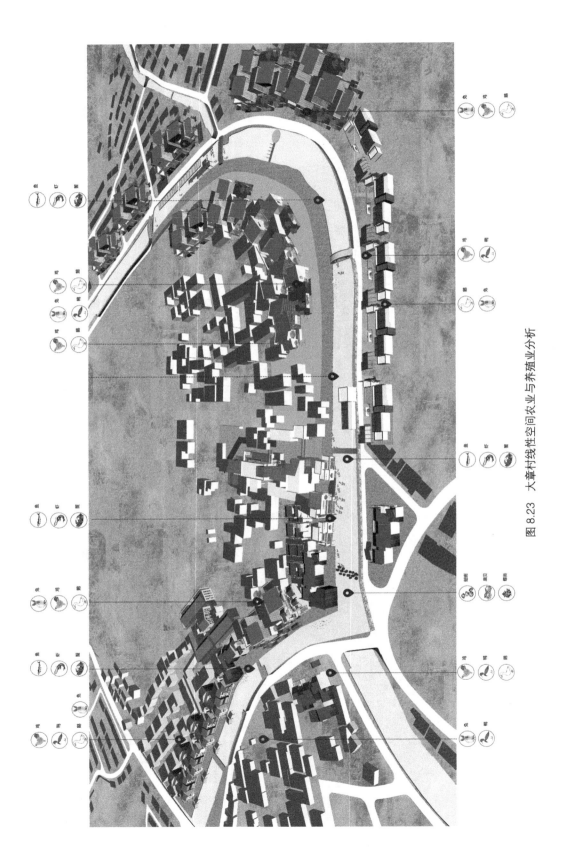

图 8.23　大章村线性空间农业与养殖业分析

图 8.24　河道空间现状分析

　　根据常绿南溪北溪的水质情况、水系分析、人流动线，我们确定了两溪流域的河道重点保护区、河道缓冲区与开发利用区域。在问题尤为突出的地方利用生产性景观植物进行水质的修复，同时隔绝一定的人流，减少人类的活动对生态的干扰。在河道缓冲区域利用浮萍等水生植物作为"过滤网"，最大限度地减少生产生活对于河道水质的影响。在水流较为清澈且人流聚集的区域进行河道的生产开发，利用生产性景观植物及水生动物吸引人流，丰富生产活动（图 8.25）。

图 8.25　河道空间整治思路

（2）公路及绿化带

进出村内的主要道路是 307 省道和村内二级道路徐西线，307 省道与村内交界处有多个重要出入口，但无主次之分。主要问题表现在：一是标识性不强，具有一定的安全隐患。二是绿化覆盖率不高，只有少量人工移植的植被，缺少当地乡土植物的种植。树种单一，没有形成空间层次，色彩搭配较为单调。外围道路植被因缺少乔木种植，无法形成良好的绿色屏障阻挡噪声与沙尘。三是缺乏对当地历史文化的挖掘，沿线商户特色不够，不能代表大章村传统特色文化产业，对于游客的引流拉动及旅游资源撬动作用较小，难以融入镇区的整体规划。四是动线混乱，交通组织不高效，区域可达性不够，无法促进产业关联，不能形成功能上的耦合（图 8.26）。

图 8.26　绿道空间驻足点与人车流向

通过对人类活动的足迹及车流状况分析，可在村庄两个入口处确立生态恢复区以打造村庄外围的绿色廊道，在一定程度上为村内的生产生活隔绝空气污染并防尘降噪。村内绿道根据人流动线及绿化覆盖情况，选择生产性植物的配置与活动的策划，划分不同区域，针对村民与游客的需求进行分区设计（图 8.27）。

6. 问题归纳

通过对村内生产现状及线性空间现状分析，我们总结出当前大章村的主要问题：一是生产情况衰退。大部分生产要素处于荒废状态，对本地特色的生产性景观缺乏保护，生产特色消失。二是生态污染。线性景观杂乱，河流水质污染导致滩涂淤积，村内有效绿地面积缩减，缺乏沿线景观整体规划，未能形成连续的村庄面貌展示风景线。三是产业业态单一。村内生产资源不流通，造成产业模式单一。传统手工艺产业因销售渠道不畅面临消失，仅依靠低成本产业发展经济，会造成收益不持续的现象。线性空间缺乏规划，无法串联乡村发展形成资源共享、刺激乡村产业集群衍生。四是文化性缺失。村内的一些传统习俗活动已仅在节假日可见，村内大多时候的活动缺少本土化特色。五是缺

图 8.27　绿道空间整治思路

少休闲互动场所，对于吸引游客的娱乐开发项目有待进一步规划。对于来此体验当地生活的游客来说，缺少活动场地及各类游乐设施是一个重要问题。

　　大章村线性空间有良好的区位条件与资源基础，在未来发展方向上可致力于产业的转型与功能提升，利用生产性景观实现村内生产、生活、生态环境的协调可持续发展，以推进区域生态环境为背景，以传统农业产业为支柱发展新型产业，建立自身品牌。在提升产业资源优化的同时，注重文化的挖掘，立足于现代产业发展的同时，传承原始农耕文化和民俗生活。

## 二、设计概念

　　本书以乡村线性空间作为载体进行生产性景观的营造，针对乡村线性空间中出现的主要问题及村内的不同人群需求，结合村庄自身地域文化及民俗活动，提取生产性景观的基本属性：生态性、审美性、经济性、社会性及功能性，赋予乡村线性空间不同方面的维度，衍生出"归园田居"的设计概念（图 8.28）。从生态方面打造"羁鸟恋旧林，池鱼思故渊"生态＋景观的生态廊道。城市居民渴望在乡村中感受自然生态风貌，当地村民希望生活环境变得更好，生活更加舒适。从生产方面打造"晨兴理荒秽，带月荷锄归"的经济生产廊道，满足城市居民与当地居民的经济需求。从文化方面打造"榆柳荫后檐，桃李罗堂前"的文化廊道，让城市居民能够感受传统工艺、感知乡土文化，让当地居民也获得文化收益。从生活方面打造"户庭无尘杂，虚室有余闲"的悠然之居，提升所有人群的居住体验幸福感。从生态、经济、文化、生活四个方面诠释"归园田居"的概念，将线性空间转变成多功能、多层次的生产性景观复合载体。

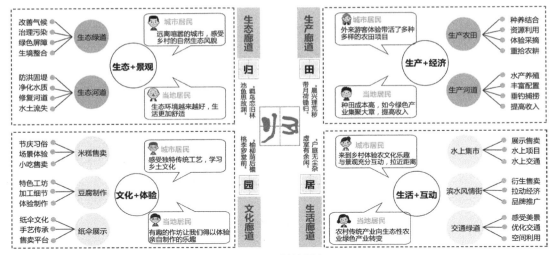

图 8.28　设计概念

## 三、线性生产性景观营造模式

通过对大章村现有农业资源生产资源的分析，引入"归园田居"的设计概念，打造以生产性景观为主导的生态、生产、生活和文化的河道及绿道设计，充分展现乡村线性空间的特色风貌（图 8.29~ 图 8.32）。从当地居民生活和外来游客角度出发，将大章村分为原住民生活区和文化发展商业街区。居民日常以农业生产、商业经营为主；游客日常以农业的采摘和耕种体验、传统手工业的制作、民俗文化的参与以及乡居生活的感受为主。综合打造河岸生产性景观的垂钓、捕捞、集市、特色商铺等多项内容，带动村民生产性的收入。

### 1. 河道空间营造模式

目前乡村河道污染状态尤为严重，河面干枯，滩涂淤积，乡村原有的生态田园风貌日益退化，生态环境失衡，遭受严重破坏。生产性景观融入线性空间的生态理念，首先是为了维持乡村原始的生态风貌，以打造第一自然为主，实现区域生态可持续发展，使农村区域环境呈现到生态、朴实、实用美观的乡土风光。通过生态绿道、生产河道、生活河道的建设，能够有效缓解城市化进程给乡村建设带来的生态污染，引入生产性景观植物种植有利于河道自体清洁能力的提高，从而改善水质、节约整治成本。环境得到美化的同时，能够展示乡村"四边景观"，充分响应乡村的四边区域美化、绿化、净化的需求。

（1）生态河道

生态河道将河道转化为水体—动植物—绿地相互作用、相互联系的景观系统，使受损的河道恢复自然属性，且能实现物质持续产出。在设计前需明确设计定位及使用的主体。村民群体主要以优质的人居环境建设为目的，游客群体则以旅游观光，休闲游憩为目的。

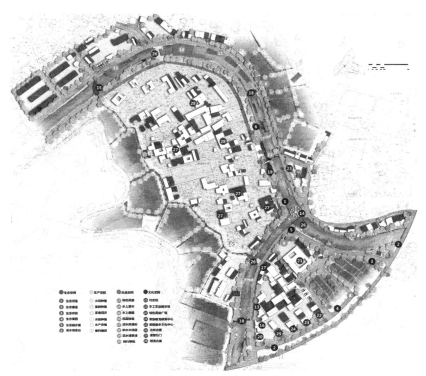

图 8.29　总平面图

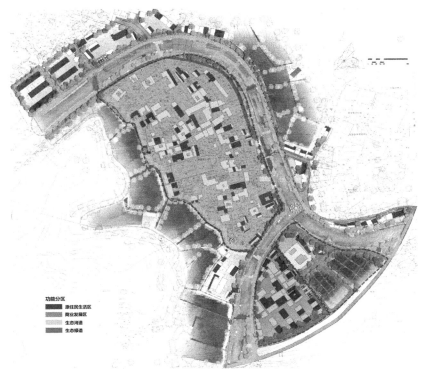

图 8.30　功能分区图

图 8.31 空间布局分析（居民）

图 8.32 空间布局分析（游客）

但两个群体的共同愿景就是看到优美宜人、可持续循环的生态河道环境（图 8.33）。

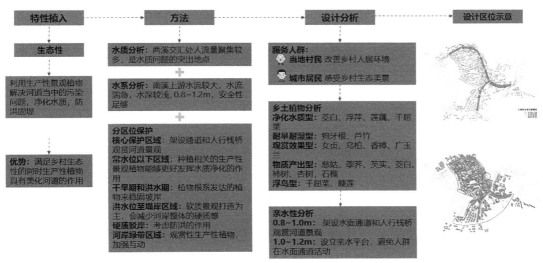

图 8.33 生态河道设计解读

　　在生态脆弱区设立核心保护区域，采取软隔离的方式减少人们对于水域的污染，增设人行慢行通道和人行栈桥，以促进人与河道的亲近。河道缓冲区采用多层次植物修复的方法，将河道根据水位分为不同区域，分别植入生产性作物。在常水位以下区域种植相关的生产性景观植物，这样能够更好起到水质净化的作用。此区域植物的选择上首先考虑耐湿性植物，如茭白、浮萍、莲藕、千屈菜等。一年中水位通常分为干旱期和洪水期。干旱期间河岸种植的植物水分流失，汛期则饱受河水的浸泡。因此植物配置方面需考虑根系发达的植物来稳固坡岸，如狗牙根和芦竹等。同时这类植物生命力较强、生长环境要求较低，也节约了人工维护的成本。在洪水位至堤岸区域以软质景观打造为主，减少河岸整体的硬质感。但此区域土壤含水量较低，在植物的选择上考虑耐干旱且有一定景观观赏效果的植物，如女贞、乌桕。由于部分河道会考虑防洪的作用，所以现状是修葺过的硬质驳岸。在此区域可选择类似地锦、凌霄等藤本植物，这样可以弱化驳岸的生硬感。河岸绿带区域因土壤湿度适宜，所以在植物选种方面受限不多。在此区域可以种植柿、杏、石榴等观赏性较高的生产植物（图 8.34，图 8.35）。

　　综上所述，根据水位的分类，我们对乡土生产性植物进行了筛选。首先要选择对水质有净化功能并且维护成本不高的植物，其次要适应本地气候与水质的原生生长环境。浮岛植物尽量选择生长周期较长且蔓延性较弱的植物，可结合水下花坛的方式进行种植。在选择水生植物上要尽量考虑经济性和易于管理操作的种类。大部分水生植物一般在 3~5 月份进行种植，沉水植物大部分在 7~8 月份进行种植（图 8.36）。

　　常水位至洪水位区域可选择配置的乔木包括东方杉、中山杉、榔榆、青梅；灌木包括木槿、紫穗槐、山茱萸、云南黄馨、榔榆。在生态脆弱区设立保护带，这样可以限制

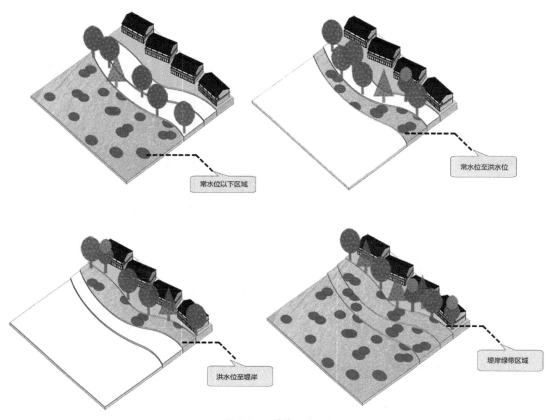

常水位以下区域

常水位至洪水位

洪水位至堤岸

堤岸绿带区域

图 8.34 坡位示意图

河岸绿带区域：
观赏性生产性植物，加强互动

硬质驳岸：
考虑防洪的作用

0.8~1.0m：
架设水面通道和人行栈桥观赏河道景观

干旱期和洪水期：
植物根系发达的植物来稳固坡岸

常水位以下区域：
种植相关的生产性景观植物能够更好发挥水质净化的作用

图 8.35 坡位种植示意图

人们的活动，所以在此区域可以考虑选择夹竹桃、蔷薇等供人观赏的灌木丛。草本植物可选择的有水葱、水竹、荷花、芦苇、千屈菜、春芋等。

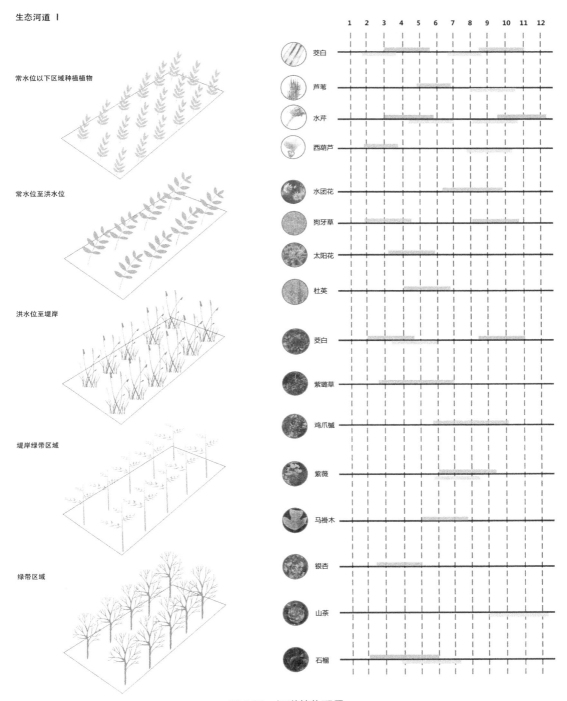

图 8.36 河道植物配置

洪水位至堤岸区域可选择配置的乔木有杜英、龙爪槐、女贞、湿地松；灌木包括鸡爪槭、紫薇、紫藤、木槿等；草本植物有高羊茅、鸭跖草、二月兰、孝顺竹。

硬质驳岸可以配置的乔木有香樟、梨树、榉树、石榴、柿树、枇杷、樱桃；灌木有紫薇、石楠、黄杨、山茶花、木槿；草本植物有向日葵、葫芦、蚕豆、蒲苇、甜菜等。

　　绿带种植乔木有樱桃、梨树、杏树、银杏、枇杷，无花果、木槿、樱花、石榴；草本植物香根草、紫露草，也可选择在此区域种植蔬菜瓜果类、食用菌类等经济作物。

　　生态河道的设计通过对河道的竖向空间分析，根据水位的高低选择合适的植物进行配置，实现了河道的生态效益，美化了乡村环境（图 8.37，图 8.38）。

图 8.37　生态河道效果图 1

图 8.38　生态河道效果图 2

（2）生产河道

　　营造具有生产性的河道景观，首先要进行水质的净化，建立生态河道。其次还应从多方面多角度挖掘具有地域特征的水景造景模式，丰富河道景观配置，体现水体的生产经济模式。在河道中进行水产养殖，一方面满足村民的日常所需，另一方面可开展不同

　　模式的生产体验项目，让游客可在此亲身体验捕鱼、抓虾等活动。鱼类禽类的粪便为水生植物提供养料，融入河道的生态系统，在一定程度上维持生态平衡。另外在不破坏河道生态环境的情况下，在两溪交汇人流量较大的桥头处开设水上集市，进行水产品的展示和售卖。河道的生产模式充分尊重生态原则，通过水产养殖、垂钓捕捞、水上集市三种生产模式，重现大章村以往热闹的生产场景（图 8.39~ 图 8.42）。

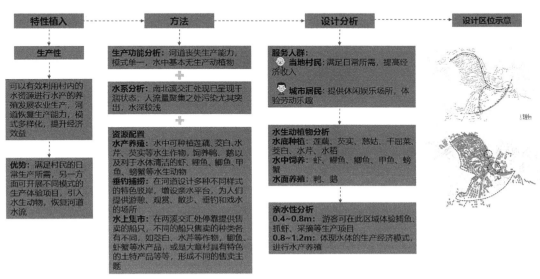

图 8.39　生产河道设计解读

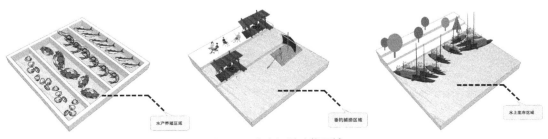

图 8.40　生产河道功能区域

　　垂钓捕捞：沿河道设计多种不同样式的特色驳岸，增设亲水平台，为人们提供游憩、观赏、散步、垂钓和戏水的场所。利用滨水带和河道的高差设置阶梯延至水中，让人们体验抓鱼抓虾丰收的喜悦。岸边可设立简易亭子，供人休息、用餐、儿童玩耍及存放物品（图 8.43）。

　　水上集市：在两溪交汇处停靠提供售卖的船只，不同的船只售卖的种类各有不同，有茭白、水芹等蔬菜，还有鲫鱼、虾蟹等水产品，或是大章村具有特色的土特产品等。在不同时节形成不同的售卖主题，定期举办生产文化活动，增加水产品与水生植物的销售量。除此之外还可在夜晚进行水上演出，吸引人们前来参与互动，提高宣传力度。通

图 8.41　生产河道养殖示意

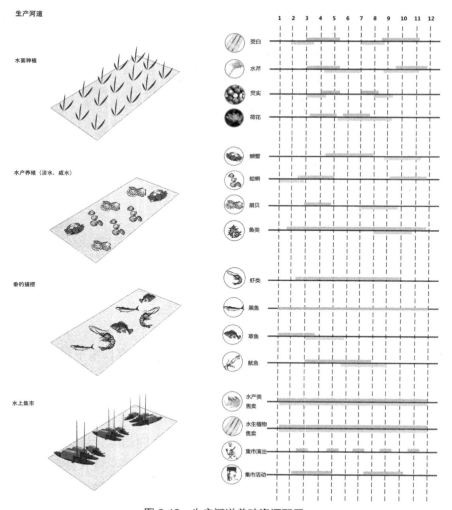

图 8.42　生产河道养殖资源配置

图 8.43　垂钓捕捞效果图

过打造景观购物为一体的多功能集市，突出大章村特色产业的品牌（图 8.44）。

　　水产养殖：在水面可种植莲藕、茭白、水芹、芡实等水生作物，水中饲养鸭、鹅等家禽以及利于水体清洁的虾、鲤鱼、鲫鱼、甲鱼、螃蟹等水生动物，形成共生的生态循环系统，提升经济收入。鱼类禽类的粪便作为肥料为水体中其他作物提供养分，作物在吸收养分的同时发挥清洁作用，如此循环又为生物提供了一个良好的水体生存环境（图 8.45）。

　　（3）生活河道

　　在生活河道的建设中结合生产性景观、生产性经营活动、乡村田园景观等，策划民

图 8.44　水上集市效果图

图 8.45　水产养殖效果图

众体验与观光游憩的生产性生活。在生活模块中规划村内游览路线及传统业态商业街，形成有序的交通组织系统，为游客与村民提供便利。生活河道的建设可以使生产性功能与娱乐休闲相互融合，增加场所与人之间、人与人之间的交流，提升村庄品牌宣传力度，使村民乐居于此，游客乐玩于此。在村内沿水区域建设滨水木栈道与游步骑行道，集交通、游览、骑行、休闲交往多功能为一体，提升整体道路景观效果。人们可以在此驻足停留，观赏游玩，也可骑行、漫步，享受滨水美景（图 8.46~ 图 8.48）。

　　原先的河道景观较为单一，只有在埠头处有村民清洗日常用品，河道资源慢慢被污染。通过生产性景观的营造，使河道污染得到了有效治理。在河道旁设置游步道，能充分依托生态景观资源。设立滨水木栈道、滨水平台及多功能休憩空间，在此空间中游客

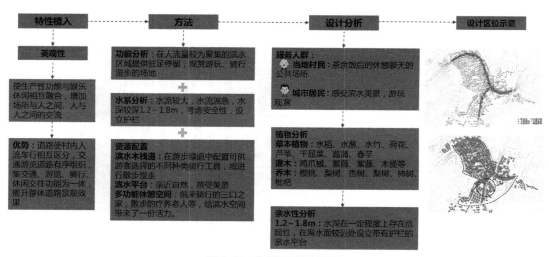

图 8.46　生活河道设计解读

图 8.47　生活河道空间剖析

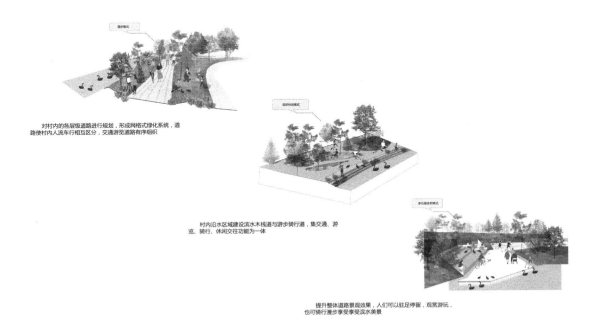

图 8.48　生活河道功能示意图

可选择不同种类骑行工具或是散步慢走，使人们与自然亲密接触，感受自然带来的心灵上的放松。这在一定程度上给河道带来了一份活力（图 8.49）。

图 8.49　生活河道效果图

### 2. 绿道营造模式

通过对人类活动的足迹及车流状况分析，以在村庄两处入口处确立生态恢复区、打造村庄外围绿色廊道的方法，为村内的生产生活隔绝一定的空气污染，起到防尘、防沙、降噪的作用。村内绿道上，根据人流动线及绿化覆盖情况，合理配置生产性植物种植与活动的策划。根据线性道路所处空间位置及现状条件，分别打造生态绿道、民俗文化绿道及生产绿道。

（1）生态绿道

在构建生态绿道时首要考虑的是保护区域环境，建设大章村的外围绿色屏障。其次考虑的是生产性植物的观赏性和产出价值，合理安排植物种植生长与收获的周期，在不同的季节能展示特色形态与色彩，增添村庄入口标识性及美观性，成为展示大章村魅力的景观大道（图 8.50）。

生态绿道设计应利用道路周边的地形、建筑，根据植物不同的种植方式来划分空间界限。通过竖向排列、点阵排列或不规则排列等形成多种多样的空间形态，增强人们在景观廊道游走的趣味性。同时在进行生态绿道的建设时，对其交通流线进行充分考虑，以方便后期生产性运输车辆的进入。合理有效的交通绿道不仅有助于资源的更新输入，促进区域经济的循环，也能方便村内场所的维修改造和餐饮服务行业补给车辆的行驶（图 8.51）。

针对乡村外围市政道路，在选择植物时应从场地所处的自然环境考虑，选择当地乡土的、易于管理维护的、经济价值较高的植物。并且要选择能够净化车辆尾气的植物种类。考虑到 307 省道有两处是村庄入口的重要位置，人行车行量较大，因此外围树种多采用观花观叶类植物，内部人行道路多选择观果类植物，形成不同的季相色彩，打造大章村的形象绿色入口（图 8.52）。

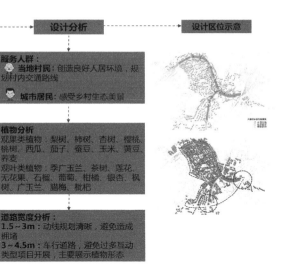

| 特性植入 | 方法 | 设计分析 | 设计区位示意 |

**生态性**

生态恢复区以外围省道为主形成绿色屏障，村内绿道以观赏性林木为主

**优势**：建设大章外围绿色屏障，吸收车辆尾气，防风防沙，隔绝噪声，利用植物的季相性展示形态与色彩

**功能分析**：增强村庄入口标识性、美观性，充分考虑交通流线，以方便后续资源的更新输入

**环境分析**：在人行车行量较大的绿道考虑种植净化空气的植物，同时季相性丰富，展示效果佳

**资源配置**
**村庄外围绿道**：针对乡村外围道路，选择当地乡土性，易于管理维护，并且对来往车辆的尾气排放有很好的净化功能的特色植物种类进行配置设计
**村内内部道路**：内部人行道路多选择观果类植物，还可进行采摘等娱乐互动项目

**服务人群**：
当地村民：创造良好人居环境，规划村内交通路线
城市居民：感受乡村生态美景

**植物分析**
观果类植物：梨树、柿树、杏树、樱桃、桃树、西瓜、茄子、蚕豆、玉米、黄豆、荞麦
观叶类植物：季广玉兰、茶树、莲花、无花果、石榴、葡萄、柑橘、银杏、枫树、广玉兰、腊梅、枇杷

**道路宽度分析**：
1.5~3m：动线规划清晰，避免造成拥堵
3~4.5m：车行道路，避免过多互动类型项目开展，主要展示植物形态

图 8.50　生态绿道设计解读

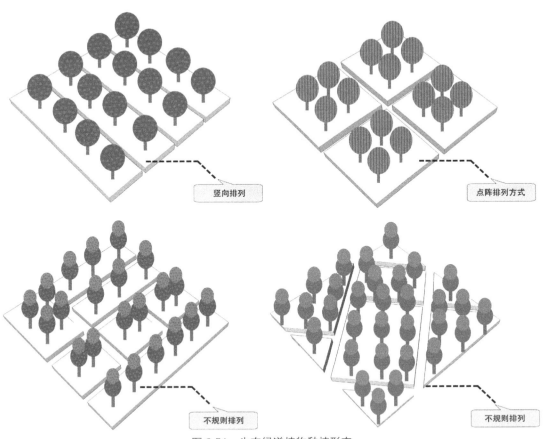

竖向排列

点阵排列方式

不规则排列

不规则排列

图 8.51　生态绿道植物种植形态

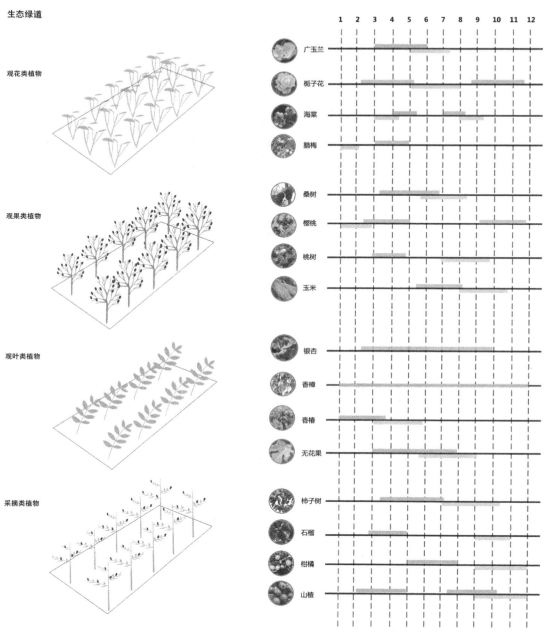

图 8.52　生态绿道植物配置

　　根据当地的气候条件，可选择的植物春季有玉兰、木槿、桃树、杏树、石榴、樱桃、连翘等；夏季有李子、桃树、杏树、桂花、柑橘、茉莉、柿树、菊花、山楂等；冬季有腊梅等。

　　观果类植物春季有枇杷等；夏季有梨树、柿树、杏树、樱桃、桃树、西瓜等；秋季有茄子、蚕豆、玉米、黄豆、花生、荞麦等。

　　观叶类植物春季有广玉兰、茶树、南瓜等；夏季有无花果、石榴、葡萄、柑橘等；秋季有银杏、枫树等。

　　生态绿道主要通过生产植物的组合种植来体现乡村景观风貌，不仅具有生态防风降噪的功能，还具有较高的审美价值（图 8.53，图 8.54）。

图 8.53　生态绿道效果图 1

图 8.54　生态绿道效果图 2

（2）民俗文化绿道

　　生产文化展示广场位于常绿南北溪桥头交汇处旁。现状是一个小型的闲置空地，周边房屋大多为 20 世纪 90 年代后建设，大多建筑都是闲置状态。目前硬化的场地不仅占用村内活动绿地面积，而且是在村内最热闹的位置，却未将大章村最具特色的文化展现出来，造成空间的浪费（图8.55）。由于村内大部分的人口外迁，很多传统的业态与老字号只有村内老人熟知，村内老街里的大多数店铺现已关停或无人问津。大章村的传统产业繁多，如做豆腐、打米糕、包圆团、扎制纸扇等。所以可利用现状空地改造成民俗展示广场，并在广场内设立手工作坊，以唤醒传统业态、传承大章村原有手工业文化。以丰富多样的生产性景观体验模式，向游客展示传统工艺的制作过程，让游客参与其中。这在一定程度上还可以达到宣传村庄特色产业的目的，打造村内品牌。另外还可衍生出土特产品，供游客购买纪念，也可以提高村民的经济收入（图8.56）。

常绿纸伞是杭州首批被纳入民间艺术保护的项目，但如今这项技艺已逐渐被后人遗忘，可能面临失传的情况。现在坚持传统技艺的人越来越少，主要以老年人为主，青年一代对于传统民俗的知识更是缺乏了解。应在民俗广场设立大章村独特的民间艺术纸伞坊，向人们进行展示，将这项技艺进行宣扬与传承。坊间设置展示平台展示纸伞扎制使用到的各项工具，手艺人可向来往的人们进行扎制方法的解说，让人们近距离地观看纸伞的生产加工过程（图8.57）。策划游客参与纸伞制作活动，向师傅们学习纸伞的制作，在成品纸伞上绘制自己喜爱的图案，将自己手工完成的纸伞作为游玩纪念。同时也可在相应的节日开展纸伞相关的文化习俗活动，通过宣传、讲解、制作、销售等多种渠道宣扬常绿纸伞传统技艺（图8.58）。

过去每逢过年过节，常绿人家家户户会做豆腐来迎接节日的到来。随着生活品质的提升，人们不再亲自动手打磨豆子做豆腐了，更多的是在集市购买成品。村民在自家门前制作豆腐的场景已消失。根据大章村的传统习俗，可在民俗广场设立豆腐坊，集加工、售卖为一体，向游客展示石磨工具、制作原材料、制作成品。工坊还可向游客售卖豆腐小吃。以现做现卖、现场体验等多种形式，延续大章村长久以来的习俗，也让外来游客感受大章村的生产氛围（图8.59，图8.60）。

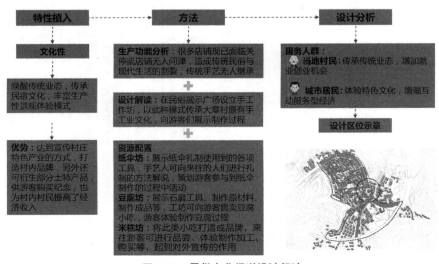

图8.55 民俗文化绿道设计解读

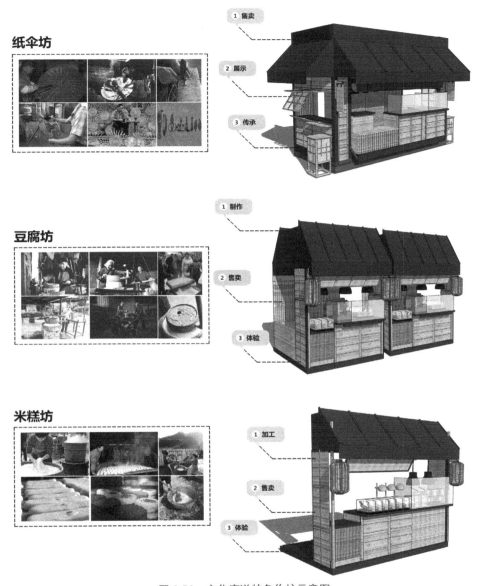

图 8.56 文化廊道特色作坊示意图

大章村小吃种类众多，其中最具代表性的就是米糕。过去，大章村作为周边乡镇的重要集市，许多村民都会来到大章集市批发购买米糕。大章村的米糕种类形式丰富，早在 20 世纪七八十年代就作为特色美食而闻名周边村镇。如今作为休闲食品，米糕仍受到人们的喜爱，是大章村特色小吃的代表。在民俗体验广场设立米糕坊，传承独特的风味小吃，还可以将此类小吃打造成品牌，供来往游客进行品尝、购买。米糕坊可作为活动性的工坊，分散在村内各个地方，在游客休息之余即可随处品尝，坊内主要作为制作、展示和售卖的空间，坊外空地可展示打米糕的缸与棒槌，供人们参观体验

**纸伞坊**

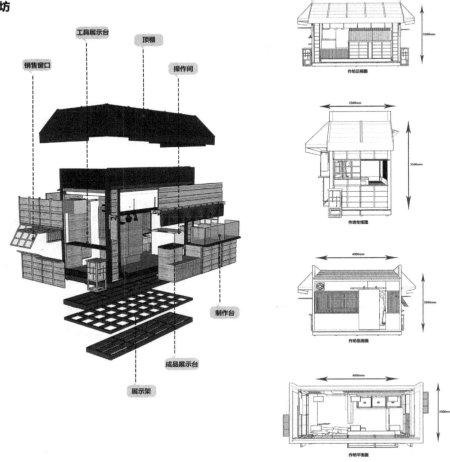

图 8.57　纸伞坊间示意

图 8.58　纸伞坊效果图

**豆腐坊**

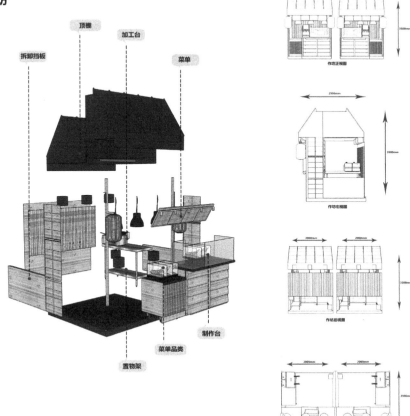

图 8.59　豆腐坊间示意

图 8.60　豆腐坊效果图

（图 8.61，图 8.62）。

（3）风情商业绿道

通过对大章村的调研走访，我们发现村内商铺主要聚集于南溪北溪桥头交汇处以南，沿南溪一带也分布有不同类型的商铺，多为小型超市、五金店，杂货店，业态不够丰富，店面脏乱且缺少特色，整体沿河店铺面貌有待提升。

首先对沿河街道进行整改，制定商铺管理制度，共同维护商业街的建设。结合大章特色产业开发商铺，主要出售大章村的特色土产品，如高山竹笋、常绿南瓜、花稞圆团等食品，以及如纸伞、常绿板龙等传统技艺衍生的纪念产品等。沿街商铺外立面统一规划，商铺内部根据售卖主题选择不同的装饰风格。制作设计乡村标志作为纪念品、购物袋、产品包装等的装饰。同时开展线上线下购物，利用新型产业技术支撑大章村商业建设。

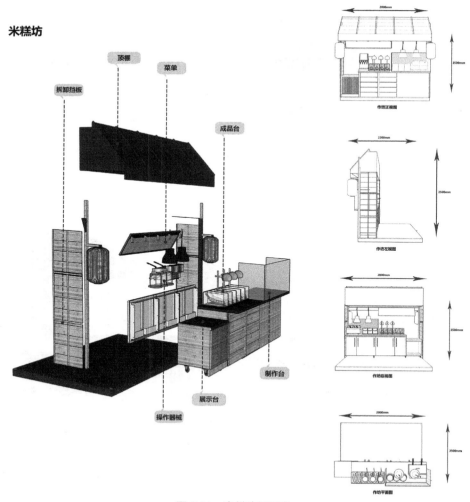

图 8.61　米糕坊间示意

图 8.62　米糕坊效果图

　　商业街以特色商铺为主进行交易售卖，穿插大章特色小吃店铺以及休闲茶馆等。商业街的建筑大多以二至三层徽派民居为主，一楼可作商铺，部分建筑楼上改为民宿，提供给来此游玩的游客住宿，以体验村内生活。这样既不会打破传统民居中的乡民的生活方式，又给商业街增添了热闹来往的场景。对商业街明确功能分区：沿南溪一带为"动"，打造休闲互动、文化、游玩等活动主题，主要是游客聚集游玩的场所；沿北溪一带为"静"，打造生态、生产、生活等乐居空间，是大章村民的生活场所（图 8.63）。

图 8.63　商业街效果图

本设计方案以生产性景观作为主线，选取大章村线性空间为载体，进行乡村景观设计。首先，以大章村线性空间中存在问题作为导向，挖掘地域资源、物质与非物质传承要素；其次，结合村内的生产现状、线性空间现状、文化产业等问题，探索生产性景观新需求；再次，提出"归园田居"的概念，将生态生活和生产引入线性生产性景观中；最后，在河道空间中总结生态河道、生产河道、生活河道的营造模式，通过修复河流污染、改善生态环境，建立生产单元，打造水产养殖、垂钓捕捞、水上集市等不同的生产类型。在绿道空间中总结出生态绿道、民俗文化绿道及商业绿道的营造模式。改善村内生态环境，促进村内产业发展，打造文化长廊挖掘村内传统业态，非遗文化、民俗小吃。

本设计通过对河道、绿道两大空间类型的探究，充分挖掘生产性景观生态、美观、经济、文化四个方面的特性，赋予线性空间文化深度，较好地从问题—设计策略—设计方案几大方面，以层层递进的方式完整总结出线性生产性景观的营造模式，为乡村未来发展提供一定借鉴经验，拓宽浙江省乡村线性空间的发展内涵与思路。

## 参考文献

[1]    宁焱. 生产性景观在富阳区大章村线性空间的设计应用研究 [D]. 杭州：浙江理工大学，2020.

# 第9章

# 结语

## 第1节　研究总结

　　乡村振兴战略旨在加强农村地区经济和社会发展，提高农民生活水平，促进农村可持续发展。随着浙江省农村现代化的推进，传统的农业方式已经无法满足农村地区的需求。而乡村新型生产性景观营造是实现农业可持续发展的有效途径。乡村新型生产性景观包括了新的农业技术和管理方法，如智能农业、有机农业、精准农业等。这些创新有助于提高农村农业的效益，减少资源浪费，促进可持续农业。同时，生产性景观与农村旅游结合，创造了新的旅游模式。农田、果园、茶园、山林、绿道等农业景观成为游客喜爱的旅游场所。这有助于推动乡村旅游业的发展，增加农村居民的收入，也促进了绿色产业的发展，如农产品加工、休闲农业等。

　　基于生产性景观的时代需求和发展趋势，本研究主要探索了浙江山区生产性景观营造和实践。上篇首先对当前发展背景和理论研究进行梳理，总结出当前研究成果，作为本研究的理论基础；其次对浙江山区生产性景观生物要素进行调研普查，搭建生产性景观数据库，为生产性景观营造提供基础要素；最后通过专家访谈、问卷调研，权重赋值等，搭建生产性景观评价模型，为下篇单元营造设计提供指导要领。下篇分别对浙江山区乡村常见的四类生产性景观空间类型：山林、园地、农田、线性这四类空间进行单元模式研究与营造设计。首先，对每一类空间内的生产要素进行梳理；其次，对现状调研数据进行总结归纳，分析现实问题；再次，对生产性景观现状进行评价判断，依据评价建议结果制定营造策略；最后，对每一类生产性景观空间进行营造模式构建，提供可学习和借鉴的营造思路，为浙江山区乡村同类生产性景观打造营建样板。

　　本书有以下成果或收获：

　　一是在文献研究中，笔者对生产性景观的研究和发展过程及现状进行了综述，对该领域的发展进行了较为完整的梳理，这为该领域的研究理清了脉络、探明了趋势。

　　二是搭建了浙江山区乡村生产性景观生物数据库。该数据库是研究团队在文献查阅后进行大规模的田野调查和访谈基础上建立的，涵盖了大量一手调研资料。通过软件开发的形式，将生产性景观动植物元素进行集合整理，为广大研究人员、农民、种植爱好者、游客等提供了准确且直观的数据信息、植物组合方式，自发尝试生产性景观营造，极大地推动了生产性景观的知识普及和实践发展。

三是建立了生产性景观评价体系。该体系基于对生产性景观的理论研究，总结出了一级特性和二级特性，通过专家调研、访谈、赋权等评选方式，以及数据验证和层次分析等验证方式，搭建出一套对生产性景观特性重要性评价的研究成果，直接指导了生产性景观的营造实践。

四是构建了浙江山区乡村四类空间的生产性景观单元营造模式。山林、园地、农田、线性这四种空间类型是浙江山区生产空间的常见类型。在理论研究的指导下，分别对四类空间进行系统的分析思考和设计探索，这对今后乡村生产性景观营造的研究与实践有重大的实际参考价值。

# 第 2 节　研究不足

由于研究水平、技术能力和掌握资料有限，本书对于某些问题的分析还不够深刻，主要表现在以下几方面：

一是数据收集不够全面。浙江山区地域辽阔，涉及调研范围较大。对于浙江山区生产性景观数据库收集的过程中，要对调查问卷进行收集、整理，需要大量的时间和精力。虽然研究者用寒暑假和在校期间的课余时间对原始数据进行了收集与整理，但是不可避免地会出现数据收集不够全面的问题。

二是研究具有局限性。在构建生产性景观评价体系中，研究者借鉴了国内外的相关理论，征求了来自浙江省多领域专家们的意见。不同领域专家的侧重点和偏好不同，而我们的文献调查和专家访谈面不够广，导致我们的研究仍不可避免地存在着局限性，研究成果有待业内的后续评判。

三是研究具有片面性。本研究主要探讨的是浙江山区生产性景观营造模式，其内容涉及多学科和多地区。虽然研究者不囿于设计学领域，而是融合了设计学、生态学、社会学、环境工程学等多个学科的内容，但可能还是会在某些相关学科知识方面有所遗漏。另外，受访的老农来自省内各地，他们的生存环境和际遇不同，年龄不同，家庭结构关系各异，受访者对农业农村的感情不同，这些都有可能直接影响到问卷的质量和结论。

本团队自 2017 年开始关注浙江省滨海、水乡、平原、山区各地乡村的生产性景观，至 2018 年聚焦浙江山区乡村，探索生产性景观在山林、园地、农田和线性这四种空间类型中的营造策略和应用模式。至此，本研究已基本完成。在历时长达五六年的研究过程中，团队也有了更多的思考，将在后续研究中进一步完善，并进行新的探索尝试。

# 附录 1

## 浙江山区生产性植物调研问卷

调研地区：_____市_____区/县_____乡/镇    问卷调查员姓名：_____

### 注意事项

本问卷分为两个部分，一是植物普查，主要针对村内生产性景观的植物种植情况、生产工具进行调查。二是在植物普查的基础上可向受访者拓展以下问题。

### 村内现有生产性植物统计

| 曾经和现在都有种植 | | | | 曾有种植现无种植 | | | | 曾无种植现有种植 | | | |
|---|---|---|---|---|---|---|---|---|---|---|---|
| 植物名称（同一类可写一行） | 种植规模 | 经济产量 | 备注 | 植物名称（同一类可写一行） | 消失原因 | 复种意愿 | 备注 | 植物名称（同一类可写一行） | 出现原因 | 种植规模 | 经济产量 | 备注 |
|  |  |  |  |  |  |  |  |  |  |  |  |
|  |  |  |  |  |  |  |  |  |  |  |  |
|  |  |  |  |  |  |  |  |  |  |  |  |
|  |  |  |  |  |  |  |  |  |  |  |  |
|  |  |  |  |  |  |  |  |  |  |  |  |

（可自行加页）

## 村内现有生产性工具统计

| 工具名称 | 工具出现场景或用途 |
| --- | --- |
|  |  |
|  |  |
|  |  |
|  |  |
|  |  |
|  |  |

## 村内现有生产性活动统计

| 活动名称 | 活动时间 | 活动介绍 |
| --- | --- | --- |
|  |  |  |
|  |  |  |
|  |  |  |
|  |  |  |
|  |  |  |
|  |  |  |
|  |  |  |

## 针对植物你可以提以下问题：

1. 此植物现在是否还在种植？种植量是多少？种植量与产量是否符合需求？

2. 是否愿意继续种植此植物？为什么？

3. 此植物的药用价值实用度（一般家庭用药 / 大规模生产用药 / 不知道其药用性）如何？

4. 此植物过去和现在的用途各是什么？

5. 此植物具有什么价值？如药用、经济、生态、美学等方面。具体有哪些方面的体现？

6. 植物共生共养组合形式方面，此植物常与哪些植物或动物一起种植或养殖？请具体罗列。

附录 2

# 乡村生产性景观系统的特征性指标评价 IPA 专家咨询
## 调查问卷

尊敬的专家：

　　您好！此问卷旨在确定乡村生产性景观系统的特征性指标中各个指标项重要性和绩效表现（满意度）。请根据您的经验，对所列指标的重要性和绩效表现（满意度）进行评分，本项调查的结果将作为确定评价指标重要性和绩效表现（满意度）并进行分析的主要依据。请各位专家针对各指标采取李克特量表法进行评分。感谢您的支持！

　　问卷说明：

　　1. 评价指标体系可说明该问卷调查目的，确定下文提及的乡村生产性景观系统的特征指标评价体系中各级指标的重要性和绩效表现（满意度），采用专家评分法进行确定，主要包括生态性、经济性、社会性、美学性、功能性等五个维度。

　　2. 评分标准请按照下面的标准，对调查表中各指标的重要性和绩效表现（满意度）进行打分。

　　重要性与绩效表现（满意度）量表均采用李克特量表法，重视度划分为"非常不重要""不重要""普通""重要""非常重要"五个等级，满意度则划分为"非常不满意""不满意""普通""满意""非常满意"五个等级，分别记 1、2、3、4、5 分，分值越高表示越重要或越满意（特别声明：1. 本次特征性指标评分设置有 0 分，表示相关指标与本问卷课题完全没有关系，后期将会对普遍获得 0 分指标项进行删除，不会影响到实质性的李克特量表法的实质以及后期的 IPA 分析。2. 本次特征性指标评分设置了其他类型，用于专家根据经验对相应类别指标项进行补充及评分，后期也将纳入 IPA 分析中去）。

　　3. 评分说明：

　　表中每一项为对应指标的重要性或绩效表现（满意度）评分，请根据您的专业经验进行评分（评分范围在 0、1、2、3、4、5 之间）；相关指标项详细介绍请参照附表。

　　4. 问卷用途：

　　本问卷来自浙江理工大学 2021 年"挑战杯"大学生课外学术科技作品竞赛的课题

《"大花园"背景下浙江山区乡村生产性景观评价体系研究》，为其进行乡村生产性景观系统的特征性指标评价，问卷结果将应用于 IPA 分析。

1. 请填写您的基本信息：

姓名：_____

职称或职务：_____

邮箱地址：_____

工作单位：_____

2. 一级指标项重要性和绩效表现（满意度）评分：

| 一级指标项 | 重要性 | 绩效表现（满意度） |
| --- | --- | --- |
| 生态性（A） | | |
| 经济性（B） | | |
| 美学性（C） | | |
| 社会性（D） | | |
| 功能性（E） | | |
| 其他 1： | | |
| 其他 2： | | |

3. 二级指标重要性和绩效表现（满意度）评分：

| A 中的二级指标项 | 重要性 | 绩效表现（满意度） |
| --- | --- | --- |
| 自然友好度（A1） | | |
| 生物和谐度（A2） | | |
| 其他 1： | | |
| 其他 2： | | |

| B 中的二级指标项 | 重要性 | 绩效表现（满意度） |
| --- | --- | --- |
| 土地利用率（B1） | | |
| 空间容量限制（B2） | | |
| 产出物资商品率（B3） | | |
| 投资维护（B4） | | |
| 经济附加值（B5） | | |
| 其他 1： | | |
| 其他 2： | | |

续表

| C 中的二级指标项 | 重要性 | 绩效表现（满意度） |
|---|---|---|
| 直观性（C1） | | |
| 协调性（C2） | | |
| 丰富性（C3） | | |
| 联想性（C4） | | |
| 其他 1： | | |
| 其他 2： | | |

| D 中的二级指标项 | 重要性 | 绩效表现（满意度） |
|---|---|---|
| 特色风土（D1） | | |
| 历史文化（D2） | | |
| 科普互动（D3） | | |
| 推广宣传（D4） | | |
| 其他 1： | | |
| 其他 2： | | |

| E 中的二级指标项 | 重要性 | 绩效表现（满意度） |
|---|---|---|
| 调节微气候（E1） | | |
| 疗效（E2） | | |
| 取材（E3） | | |
| 能源化工（E4） | | |
| 其他 1： | | |
| 其他 2： | | |

## 乡村生产性景观系统的特征性指标（附表）

| | | |
|---|---|---|
| 生态性（A） | 自然友好度（A1） | 生境的耐受性和抗逆性、释放物质的成分对自然环境的影响、植物根系的固土能力和截流能力、对地质稳定性的影响、生态修复能力以及当地对于生物的相关应用等方面进行衡量 |
| | 生物和谐度（A2） | 了解当地的生态系统与生物种类，新生或引进物种对目前生态系统有没有造成冲击。根据当地生物的多样性、群落的共生性、系统的稳定性、整体的安全性、连通性等方面去衡量 |
| 经济性（B） | 土地利用率（B1） | 垂直分层：合理利用土地空间布置生产性景观，上中下层空间充分组合利用进行种植，实现经济效益最大化。<br>规整合理：田间作业道路，田垄水渠与农田等的关系规整合理。<br>高效产出：农田的生产率和投入收益率；除农田外的乡村景观丰富 |
| | 空间容量限制（B2） | 内部分配：栽培合理，经济效益最大化，自然采光，土地资源配置合理。<br>外部分配：旅游资源合理分配，人员有序无破坏 |

| | | |
|---|---|---|
| **经济性（B）** | 产出物资商品率（B3） | 交叉种植：生产资料多样性，实现收益多元化。在较为开阔的平地上，将不同种类但成熟季节相同的农作物交叉种植，形成颜色各异的板块，板块之间布置田间小道。<br>革新模式：改变传统农业模式，融入生态与新型农业的理念，形成良性循环，节约乡村景观的建设成本。生产性景观立足于生产，本质上是基于农业生产活动和生产资料的再开发 |
| | 投资维护（B4） | 建设投资：结合当地优质的原生材料，合理整合乡土生产性景观资源，降低生产性景观建设成本，考虑投资所得到的回报。<br>养护管理：可依据地区经济条件，合理选择乡土树种进行栽植，以适当减少养护管理费用开支。<br>多多利用乡村特色景观，在规划设计过程中遵循自然规律，利用自然的自我修复功能，可适当减少养护管理费用开支 |
| | 经济附加值（B5） | 庭院产出：可在庭院种植开花结果的果木和蔬菜等具有观赏性的经济作物，既可美化庭院环境，又可增加农户经济收入。<br>结合旅游业：通过乡村生产性景观规划实现农业景观同休闲、观光等产业相结合，创造更可观的经济效益，并且适当发展旅游业，使游客与该区域拥有较高的互动性和参与性 |
| **美学性（C）** | 直观性（C1） | 环境适应：根据当地自然环境情况，合理安排植物种植，避免出现园区过疏或过密而道路无遮阳绿化等的情况。<br>直观感受：借助人体尺度参数来营造景观空间安全舒适感，在植被的色彩形态上作考虑，给予游客舒适直观的游玩观赏体验 |
| | 协调性（C2） | 景观引入：考虑植被对环境的适应和本身生长期对整体景观可观赏期的作用，合理安排植被种类数量和分布，减少观赏空窗期。<br>构成设计："点线面"相结合，种植品种多样的蔬菜景观，通过色彩形态来进行分割点缀 |
| | 丰富性（C3） | 空间组合：对不同植被的划分，利用蔬菜花卉等不同的颜色品种进行空间的分割和组合，丰富园区景观。<br>物种平衡：不盲目引进种植野生物种，以不打破当地的自然物种平衡为标准，注意因地制宜，呈现多物种并存的景观 |
| | 联想性（C4） | 历史文化：遵循"一方水土养一方人，一方地域造一方景"的原则，乡土景观的建设结合建设地的乡土文化，展示浓厚乡土气息。<br>主观意识：为游人从自身主观意识出发对景观的联想留出空间，使游客、村民、建造者等景观参与者都能展开思绪，产生情感上的共鸣 |
| **社会性（D）** | 特色风土（D1） | 保有乡村本土特色，避免过度城市化、商业化，凸显乡民的农事交流、当地居民生产活动和民俗活动。发扬乡村的民俗风情、传统技艺，利用好古建筑遗存 |
| | 历史文化（D2） | 从非物质文化遗产、物质文化遗产、乡村记忆、植物代表的含义、情感、民族文化的挖掘、整理、传承、保护和发扬等方面进行衡量，要让乡村历史文化借助景观、空间实现承传与创新 |
| | 科普互动（D3） | 游客科普互动：打造植物教育展示厅，定期举办关于生产性景观的科学讲座，可兴办主题农园，形成教育农园，承载农旅结合的农事参与、教育和 DIY 创意空间等功能。服务设施与植物文化内涵结合。<br>村民科普互动：鼓励当地民众介入和参与生产性景观改造。对村民进行知识普及，让村民以一种更为综合的方式了解自己的乡村 |
| | 推广宣传（D4） | 利用政府力量、社会力量，结合当地特色历史文化背景，借助新媒体，利用大数据分析进行推广。在对当地居民进行生产性景观普及的同时，也对乡村外的人群进行推广，快速开拓市场 |

续表

| | | |
|---|---|---|
| 功能性（E） | 调节微气候（E1） | 调节气候：调节区域小气候，防止水土流失，净化空气。<br>防治灾害：各要素本身就是构成生态环境的主体因子，改善人类生存环境，保持生物多样性，防治自然灾害。<br>修复净化：用于土壤盐碱或重金属修复处理；实现水体净化 |
| | 疗效（E2） | 保健：通过触觉刺激、听觉刺激、视觉刺激、嗅觉刺激以及味觉刺激等方式对人的身心进行舒缓和调节。<br>药用：提供药用价值高的品种，同时带来美观视觉感受，并可以普及中草药文化：如芍药、金银花、玫瑰花、菊花、牵牛花等 |
| | 取材（E3） | 提炼原材料：棉花、橡胶树、桑树等可作为提炼的原材料。<br>雕刻原料：南瓜、葫芦等可作为雕刻艺术品的原料。<br>饲喂和栖息：以提供饲料为目的，为家畜家禽提供优质饲料，为昆虫、鸟兽、微生物提供饲养和生活环境。<br>生产生活用材：以提供生产、生活用材为目的，如棉花、烟草、松柏、檀木等 |
| | 能源化工（E4） | 废物利用：玉米、高粱秆茎等废物作为生物燃料再利用，减少能源压力，节约社会资源和能源，有利于资源的可持续发展。<br>利用天然能源：以风能、光能、热能等天然能源，利用科技手段产生的可再生能源，打造低碳生产景观。<br>独特清洁能源：结合独特环境营造可以提供清洁能源的景观。<br>化工品原料：用作营养剂，调味品，色素添加剂以及农药和人、兽用药等 |

# 附录 3

## 浙江理工大学建筑工程学院浙江省重点研发项目问卷调研员
## 工作安排

### 一、受访人群的筛选

1. 在选择受访人员时注意男女均衡，每份问卷需分布在不同的山区乡镇（如一个县有两个调研员，应提早沟通，合理分工）。

2. 受访人员年龄需在 50 岁以上，较为熟悉当地生产、种植情况，民俗文化情况。

### 二、问卷相关名词解释

1. 线性空间：线性空间是在景观规划中具有连贯性、各种景观要素连接成线条样式的空间。如河流、道路、沟渠。

2. 生物套种：利用植物高度或生长规律上的差异，把多种植物按一定的规律种在一起叫作套种。如小麦与玉米套种，玉米与大豆套种等。植物和菌类套种，如蔬菜和草菇。动物、植物之间也可共生。如稻田养鱼、林下养鸡等。

3. 沉水植物：是指植物体全部在水层下面固着生存的大型水生植物。如鸭舌草。

4. 挺水植物：即植物的根、茎生长在水的底泥之中，茎、叶挺出水面；其常分布于 0~1.5m 的浅水处，有的种类生长于潮湿的岸边。如荷花。

5. 浮叶植物：生于浅水，根长在水底土中的植物，仅在叶外表面有气孔，叶的蒸腾作用非常快。又称着生浮水植物。如芡实、红菱。

6. 漂浮植物：又称完全漂浮植物，是根不着生在底泥中，整个植物体漂浮在水面上的一类浮水植物。如浮萍。

### 三、拍照

1. 请调研员在每份问卷调研现场拍摄一张照片。

2. 请调研员在调研期间，尽量多地拍摄一些当地特色植物、生产活动的照片（电子版）。并将照片命名为植物名称或生产活动名称。

# 浙江山区生产性植物调研问卷

调研地区：_____市_____区/县_____乡/镇　　　　问卷调查员姓名：_____

## 山林空间

1. 作物现在的种植是减退还是增加？下列哪些原因所致？（可多选）

☐ 减退（近五年内）　　　　　　☐ 增加（近五年内）

A. 山林地势地貌破坏　　　　　　A. 山林位置优越

B. 山林位置偏远　　　　　　　　B. 回报率高（产量、价格、需求量等）

C. 成本增加（如劳动力、生产资料等）　C. 生产方式改进（机械化、规模化等）

D. 回报率低（产量、价格、需求量等）　D. 生态环境改善

E. 生态环境污染　　　　　　　　E. 其他_____

F. 其他_____

2. 村内主要有哪些套种的作物？（可多选）

A. 植物和植物套种如：_____　B. 植物和动物共生如：_____

C. 植物和菌类套种如：_____　D. 其他_____

3. 村内作物的种植是什么程度（可多选）

A. 家庭种植　B. 村民承包　C. 集体种植　D. 其他_____

## 园地空间

1. 作物现在的种植是减退还是增加？下列哪些原因所致？（可多选）

☐ 减退（近五年内）　　　　　　☐ 增加（近五年内）

A. 耕地面积减少　　　　　　　　A. 耕地面积增加

B. 成本增加（如劳动力、生产资料等）　B. 回报率高（产量、价格、需求量等）

C. 回报率低（产量、价格、需求量等）　C. 生产方式改进（机械化、规模化等）

D. 生态环境污染　　　　　　　　D. 生态环境改善

E. 其他_____　　　　E. 其他_____

2. 农作物套种技术是否普及，村内主要有哪些套种的作物？

A. 植物和植物套种如：_____　B. 植物和动物共生如：_____

C. 植物和菌类套种如：_____　D. 其他_____

## 农田空间

1.种植规模（可多选）

A.家庭种植　B.村民承包　C.集体种植　D.其他_____

2.村内主要有哪些套种的作物？（可多选）

A.植物和植物套种如：_____　　　B.植物和动物共生如：_____

C.植物和菌类套种如：_____　　　D.其他_____

## 线性空间

1.作物现在的种植是减退还是增加？下列哪些原因所致？（可多选）

□　减退（近五年内）　　　　　　　　　□　增加（近五年内）

A.成本增加（如劳动力、生产资料等）　　A.政策向导（如"四边三化"）

B.回报率低（产量、价格、需求量等）　　B.回报率高（产量、价格、需求量等）

C.生态环境污染　　　　　　　　　　　　C.生产方式改进（机械化、规模化等）

D.其他_____　　　　　　　　D.生态环境改善

　　　　　　　　　　　　　　　　　　　　E.其他_____

2.沿路线性生产性植物有哪些种植种类？（多选）

A.乔木　B.灌木　C.草本　D.藤蔓　E.其他_____

3.滨水线性生产性植物有哪些种植组合形式？（多选）

A.沉水　B.挺水　C.浮叶　D.漂浮　E.水边植物　F.岸上植物